中国文物建筑研究与保护

（第二辑）

张克贵　主编

中国建材工业出版社

图书在版编目（CIP）数据

中国文物建筑研究与保护．第二辑 / 张克贵主编
．-- 北京：中国建材工业出版社，2023.8
ISBN 978-7-5160-3787-4

Ⅰ．①中… Ⅱ．①张… Ⅲ．①古建筑－文物保护－中
国－文集 Ⅳ．① TU-87

中国国家版本馆 CIP 数据核字（2023）第 134688 号

中国文物建筑研究与保护（第二辑）
ZHONGGUO WENWU JIANZHU YANJIU YU BAOHU（DI-ER JI）
张克贵　主编
出版发行：中国建材工业出版社
地　　址：北京市海淀区三里河路 11 号
邮政编码：100831
经　　销：全国各地新华书店
印　　刷：北京天恒嘉业印刷有限公司
开　　本：710mm×1000mm　1/16
印　　张：17.5
字　　数：240 千字
版　　次：2023 年 8 月第 1 版
印　　次：2023 年 8 月第 1 次
定　　价：**158.00 元**

本书编委会

主　编：张克贵

编　委：姜　玲　李　迪　崔　晨　张子燕　喻　婷

序

　　中国是文明古国，在漫长的历史演进中，先民们充分发挥聪明才智，很早就依靠就地取材、以木结构为主的构筑技术来建造房屋，并逐渐形成独具特色的建筑体系，赓续传承至今，对东亚地区建筑文化产生了重要影响，在世界建筑发展史中也占有重要地位。以故宫、十三陵、天坛、颐和园等为代表的皇家宫殿、陵墓、坛庙、园林建筑群，堪称中国古代建筑的典范，先后被列入世界文化遗产名录，获得了全人类的价值认同和集体尊重。

　　中国传统建筑研究与保护始于20世纪20年代末，以中国营造学社为代表的一批爱国知识分子，将中国的文献与西方建筑科学理论知识相结合，通过系统的典籍档案收集整理、实物的测绘调查与比较分析，叩开了中国人自主研究本土建筑和建筑历史谱系的大门，为中国古代建筑遗产的研究与保护奠定了坚实基础。中华人民共和国在成立后高度重视文化遗产的保护工作，在百废待兴之际拨巨资维护古建筑，培养了一大批文物保护人才，让古建筑营造修缮这一传统技艺得以延续和传承。特别是近年来，专家学者从不同角度研究和解读中国传统建筑的营造理念和技艺，持续不断地深入研究，推进了行业知识体系建设，对传统建筑的理解和认知均达到新的高度。

　　党的十八大以来，以习近平同志为核心的党中央高度重视文物保护工作。习近平总书记发表了一系列重要论述，强调："在新的起点上继续推动文化繁荣、建设文化强国、建设中华民族现代文明，是我们在新时代新的文化使命。"运用文物保护理论和保护技术，讲好每一处文物故事，保护好每一处历史古迹，是我们当代文物保护工作者作为文物守护和传承人的初心和使命。

本书主编张克贵先生即以此为初心和使命，守护故宫50载，历任故宫博物院古建部主任、工程管理处处长等职，现为国家文物局全国重点文物保护工程方案审核专家库专家、故宫博物院学术委员会委员、中国艺术研究院古建保护与研究专业硕士生导师、北京工业大学硕士研究生兼职导师。从1991年起，他先后被聘为国家文物局文物安全技术防范工程审核组专家、全国安全防范报警系统标准化委员会委员、中国紫禁城学会第二届副会长兼秘书长、中国气象学会雷电防护委员会委员。张克贵先生在从事文物保护管理的同时，笔耕不辍，著述颇丰，出版合著《紫禁城宫殿建筑装饰：内檐装修图典》（第一作者）、合著《太和殿三百年》（第一作者）、专著《紫禁城建筑：思想与时空的节点》以及由他主编的《紫禁城建筑保护与研究论文集》和《中国文物建筑研究与保护（第一辑)》等，发表文物建筑保护与研究方面的论文数十篇。

《中国文物建筑研究与保护（第二辑)》是张克贵先生及其学生们的又一力作，共收录论文14篇，内容涉及工程管理制度、营修个案、建筑特征及断代、传统建筑材料、文物保护理念探索、文物安全风险评估与防范等，从不同视角、不同维度向我们呈现了我国新时代文物建筑的深化研究与保护实践，充分展现了当代文物建筑研究由概念理论研究向解决对策研究、由行业发展研究向规则规范研究的转变。

值此《中国文物建筑研究与保护（第二辑)》付梓在即，再次向张克贵先生及其学生表示祝贺和敬意。祝愿我国的文化遗产保护事业薪火永传、再创佳绩。

李粮企

2023年6月于北京

目 录

1

北京故宫奉先殿正殿大木结构特征分析与断代研究

崔　瑾*

摘　要：北京故宫奉先殿始建于明初，为永乐迁都北京之后，
　　　　仿南京宫室制度而建，是明清两代皇室的祭祖场所。
　　　　现存奉先殿正殿开间九间、进深五间，为三样黄琉璃
　　　　瓦十一檩重檐庑殿式建筑。目前，学术界对奉先殿正
　　　　殿年代的研究结论存在分歧，主要是现存奉先殿正殿
　　　　大木结构是清初还是明嘉靖朝遗物。根据故宫整体
　　　　保护要求，2022年笔者有幸对奉先殿梁架进行了勘
　　　　察，结合实物及档案记载提出拙见供同仁参考。综合
　　　　档案记载和实物分析，推断奉先殿一区在顺治十四年
　　　　（1657年）重建后经过康熙十八年（1679年）的改建
　　　　形成了现在的建筑布局。从整体大木结构特征上看，
　　　　奉先殿正殿为清初建筑。结合档案判断很可能是在顺
　　　　治十四年重建后，经过康熙十八年一次落架维修后的
　　　　遗物。此外，奉先殿斗拱在用材及构造做法上总体上
　　　　体现了清代做法特征，仅局部延续了明代做法，体现
　　　　了明清过渡时期的特征。
关键词：奉先殿；正殿；大木结构

---

*故宫博物院古建部副研究员。

一、奉先殿建筑概况

　　故宫奉先殿位于内廷东六宫南面，西侧紧邻毓庆宫区域，东侧为宁寿宫区。总体上说，奉先殿区包含奉先门内院落，诚肃门内院落及南部的群房区域，东侧跨院。其主要建筑坐落于奉先门以北红墙围合院落，南北长约 94.5 米、东西宽约 60.5 米。奉先门以北为奉先殿区的主体建筑——奉先殿正殿、后殿，正殿与后殿间以工字廊相连。正殿、后殿及工字廊坐落在工字形台基之上（图 1）。

图 1　奉先殿正立面
（图片来源：作者摄）

　　奉先殿正殿开间九间、进深五间，为三样黄琉璃瓦十一檩重檐庑殿式建筑。下层施单翘重昂七踩镏金斗拱，上层施重翘重昂九踩斗拱（内转七踩）；外檐绘一字枋心金线大点金旋子彩画，内檐为一字枋心浑金旋子彩画；正中三间脊步为浑金彩画，脊檩、垫板绘浑金祥云彩画，脊枋绘浑金一字枋心旋子彩画。前檐明间及东西一、二次间设三交六碗菱花隔扇各四扇。东西三次间及梢间设槛墙。上层外檐明间正中悬挂浑金雕龙匾额，雕刻满汉两种文字书写的"奉先殿"三字。正殿前出月台，正中向南出三陛，东西两侧各出一组踏跺。前殿后檐明间与工字廊相连。

二、奉先殿建筑历史沿革与使用功能

奉先殿始建于明初，清顺治十四年（1657年）重建。据《清实录》记载，顺治十四年正月，以营建奉先殿，祭告天地、宗庙社稷：顺治十四年正月十七日，"庚午，以营建奉先殿遣尚书车克明、安达礼、阿颜觉罗·科尔昆、郭科，祭告天地、宗庙社稷"[1]。同月，遣官祭后土司工之神：顺治十四年正月二十八日，"辛未，以营建奉先殿，遣官祭后土司工之神"[1]。顺治十四年五月，奉先殿主体结构动工，首先从竖柱开始：顺治十四年五月初八日，"庚戌，以奉先殿竖柱，遣官祭司工之神"[2]。顺治十四年六月，奉先殿上梁：顺治十四年六月初四日，"乙亥，奉先殿上梁，遣官祭司工之神"[3]。同年七月，安装正吻：顺治十四年七月初二日，"癸卯，迎奉先殿鸱吻，遣官祭琉璃窑司工之神，正阳门、大清门、午门、奉先门等司门之神"[3]。顺治十四年十月二十六日，奉先殿成："乙未，以昭事殿、奉先殿成，遣官祭司殿司门之神"[4]。雍正朝《大清会典》记载顺治十四年奉先殿重建后的规模："顺治十四年建奉先殿，前殿七间，后殿七间，后殿设暖阁床。"另有光绪朝《大清会典》亦提及："顺治十四年敕建奉先殿前后殿各七楹。"[5]

奉先殿建成后在清代进行过多次改建及修缮，其中规模最大的是康熙十八年（1679年）的改建工程。据康熙朝《大清会典》记载[6]：

康熙十八年五月，改建奉先殿："五月，改建奉先殿及建造皇太子宫，遣官各一员，祭告天地、太庙、社稷，又遣工部堂官，祭告后土司工之神。"康熙十八年八月，安奉先殿柱顶石：

1　大清世祖章皇帝实录卷106.

2　大清世祖章皇帝实录卷109.

3　大清世祖章皇帝实录卷110.

4　大清世祖章皇帝实录卷112.

5　刘鸿武.紫禁城内奉先殿修建概略[J].历史档案，2009（3）：53-56.

6　康熙朝大清会典卷62.

"八月，安奉先殿柱顶石，遣工部堂官，祭告司工之神，又安皇太子宫柱顶石。遣工部堂官，祭告司工之神。又以奉先殿及皇太子宫竖柱上梁，俱遣工部堂官，祭告司工之神。"康熙十九年（1680 年）五月，奉先殿安吻："十九年五月，迎奉先殿及皇太子宫吻，遣礼、工二部堂官各一员，祭琉璃窑、正阳门、大清门、午门之神。奉先殿及皇太子宫安吻，遣工部堂官，致祭司工之神。"康熙十九年十二月，奉先殿竣工："奉先殿及皇太子宫工竣，遣工部堂官一员，祭司工之神。"

奉先殿的使用功能在明清两代并未发生大的变化。明代实行"两京"制度，在南（京）、北（京）两京皇宫内各建一座奉先殿，南京奉先殿初创于明洪武二年（1369 年），毁于靖难之乱，永乐朝重建以后，一直使用至南明弘光朝。永乐迁都北京之后，仿南京宫室制度复建奉先殿于北京紫禁城。从此，北京奉先殿成为明代皇室实际的祭祖场所。[1]

清代在奉先殿举行的祭祀活动主要有大享、常祭、告祭和荐新。较大的祭祀活动都在前殿，一般的日常祭祀在后殿。前殿举行大享仪，后殿举行常祭、告祭和荐新祭。大享仪是经常举行的祭祀，其他祭祀活动都是在此基础上或增或减。[2]

三、有关奉先殿年代问题的研究成果及遗留问题

有关奉先殿建筑研究的论著，主要是从历史档案和现存实物两个方面进行分析总结。历史档案方面主要有刘洪武老师的《紫禁城内奉先殿修建概略》。该文主要参照档案是《清实录》《大清会典》，得出"从清朝档案和文献的记载看，清代奉先殿

---

1 杨新成. 明代奉先殿建筑沿革与形制布局初探 [J]. 故宫博物院院刊，2014（3）：61-67，158.

2 梁科. 奉先殿与皇室祭祖 [C]// 中国第一历史档案馆. 清代档案与清宫文化：第九届清宫史研讨会论文集. 中国史学会清宫史研究委员会，2008.

是由顺治朝重建后，经过康、乾两朝的改建形成现在的建筑布局。清代中后期，虽多次修缮，但基本建筑格局和形制并未改变"[1]的结论。杨新成老师从历史档案入手，对明代奉先殿的历史沿革及功能布局变迁做了深入研究，并在《故宫博物院院刊》发表《明代奉先殿建筑沿革与形制布局初探》一文。文中分析指出："明代奉先殿自洪武朝肇建以来，在历朝使用过程中，建筑的形制布局有因循也有革新。初创之时，推遵古制，选址于宫城之后寝区乾清宫之东，作为内太庙，不但位置上与太庙内外对应，其形制布局也与太庙相似，两侧分置神厨和神库，中轴线为十一开间大殿，其开间与太庙和奉天殿一致，同为传统建筑中的最高等级。这些建筑布局特点在北京奉先殿中被沿袭采用。弘治朝以后，明代诸帝多为庶出或是藩王继承，即位之后都面临在何处祭祀其本生父母的问题，于是奉先殿区的功能布局开始发生变动，相继出现奉慈殿、观德殿和崇先殿等用于专祀的宫殿。直至万历朝奉先殿内改祀一帝多后，这些问题才得以解决。"[2]

现存实物方面主要是刘榕老师《奉先殿大木构造浅析》一文，该文通过对奉先殿正殿法式特征的分析，得出"奉先殿重建于清初，虽历经多次修葺，但主体结构基本未发生改变，保持了初建时的原貌"[3]的结论。徐怡涛老师在《明清北京官式建筑角科斗栱形制分期研究——兼论故宫午门及奉先殿角科斗拱形制年代》一文中，依据外檐角科斗拱类型学分期研究，得出奉先殿斗拱为明嘉靖时期的结论。[4]

此外，专门论述奉先殿祭祀的论文有梁科的《奉先殿与皇

---

1 刘鸿武. 紫禁城内奉先殿修建概略 [J]. 历史档案，2009（3）：53-56.

2 杨新成. 明代奉先殿建筑沿革与形制布局初探 [J] 故宫博物院院刊，2014，3.

3 刘榕. 奉先殿大木构造浅析 [C]// 中国紫禁城学会. 中国紫禁城学会论文集（第三辑）. 北京：紫禁城出版社，2000.

4 徐怡涛. 明清北京官式建筑角科斗拱形制分期研究：兼论故宫午门及奉先殿角科斗拱形制年代 [J]. 故宫博物院院刊，2013（1）：6-23，156.

室祭祖》、郑燕梅的《故宫奉先殿建筑及其祭祀》、李佳的《明代皇后入祀奉先殿相关问题考论》等。

梳理现有研究成果可以看出，学术界对奉先殿正殿年代的研究结论存在的分歧主要是现存奉先殿正殿大木结构是清初还是明嘉靖朝遗物。根据故宫整体保护要求，2022 年笔者有幸对奉先殿梁架进行了勘察，结合实物及档案记载提出拙见供同行参考。

四、奉先殿大木结构年代分析

（一）从史料记载分析奉先殿大木结构年代

《清实录》明确记载：顺治十四年正月十七日，为营建奉先殿遣尚书祭告天地、宗庙社稷，正月二十八日破土动工，遣官祭后土司工之神。其后经历顺治十四年五月初八日奉先殿竖柱，同年六月初四日，上梁，七月初二日，迎奉先殿鸱吻。到顺治十四年十一月初十日奉先殿告成，历时近一年。从工程设计角度分析，从破土动工到立柱、上梁、迎吻是一个完整的建造工序，从工期上接近一年的时间也较为合理，再结合《清实录》较高的可信度，可以从史料的角度推断奉先殿在顺治十四年进行了重建。

对顺治十四年奉先殿正殿建成后的规模，《清实录·世祖章皇帝实录》记载：顺治十七年五月十八日，"谕工部：奉先殿享祀九庙，稽考往制，应除东西夹室行廊，中建敞殿九间斯合制度。前兴造时该衙门未加详察，连两夹室止共造九间殊为不合，今宜于夹室行廊外，中仍通为敞殿九间以合旧制。尔部即会同宣徽院详议，并选择兴工日期具奏"[1]。可见，顺治十四年建成后的奉先殿为殿身七间，东西夹室各一间。也就是说算上东西夹室一共九间。原本计划建成殿身九间，东西夹室各一间，即

---

1 大清世祖章皇帝实录卷 135.

算上东西夹室一共十一间，然而由于"前兴造时该衙门未加详查"，建成后规模为殿身七间，东西夹室各一间。但顺治十七年发现这一问题，却没有真正实施改造的记载。同时，顺治十四年建成后的奉先殿正殿算上东西夹室一共九间，这与现存实物九开间是一致的，唯一不同的是现存实物为通宽的九间殿，并未设夹室隔墙。

值得注意的是，康熙十八年（1679 年）五月至十九年十二月奉先殿改建的规模，从工序上看，十八年五月开工，十八年八月奉安柱顶石、竖柱上梁，十九年五月，奉先殿安吻，十九年十二月，奉先殿竣工。从安装柱顶石到竖柱、上梁、安吻包含一座建筑新建或重建的主要工序。从工期上看，历时一年半，也符合新建或重建工程需要的周期。

那么，问题在于：奉先殿是否在顺治十四年（1657 年）重建后，时隔短短 22 年，在康熙十八年（1679 年）又经历了重建呢？从常理来讲，一座大体量的重要建筑如果不是经过火灾焚毁或严重毁坏，不至于在建成短短 22 年就再次重建，然而不论是《清实录》还是《大清会典》，均未提及在顺治十四年至康熙十八年期间奉先殿建筑遭遇火灾或严重损坏。康熙朝大清会典规定："国家有大典礼，必先期祭告于天地、太庙、社稷、奉先殿及陵寝。或亲诣行礼，或遣官行礼。"[1] 如果奉先殿遭遇火灾焚毁，那么清代在奉先殿的祭告活动就必然中断。然而，据康熙朝大清会典记载，在康熙十八年改建前不久，奉先殿还在正常使用，现将部分原文[1] 摘录如下：

康熙九年五月，恭奉章皇后神牌，升祔太庙，前期三日，上升太和殿，视祭告祝文，各遣大臣一员，祭告天地太庙社稷，前期一日，遣官一员，祭告奉先殿。

十年二月，经筵开讲，前期一日，遣官一员，祭告文庙。是日，祭告，奉先殿。嗣后岁以为常。

十一年，上行耕耤礼前期一日，遣官祭告奉先殿。

---

1 康熙朝大清会典卷 62.

十四年，恭奉仁孝皇后升祔奉先殿。前期一日，上亲诣奉先殿祭告。是年册立皇太子，前期一日，遣官各一员，祭告天地、太庙，社稷行礼。是日、上躬诣奉先殿致祭。又遣官一员，往仁孝皇后神位前致祭。

十六年，册立皇后，册封贵妃。遣官各一员祭告、天地、太庙、奉先殿。

十七年三月，举行奉先殿祫祭礼。凡遇元旦，万寿节，皇太后圣旦，俱奉太庙后殿四祖神位，与太祖太宗，合享于奉先殿，前期一日，太常寺题请，遣官一员，祭告太庙后殿，礼仪院题请，遣官一员祭告奉先殿。

十八年，恭奉孝昭皇后升祔奉先殿，前期一日，上亲诣奉先殿祭告，至升祔日，遣官行礼。

祭祀活动的延续，以及重要历史档案中均未见奉先殿焚毁的记录，从侧面可以推断此前奉先殿并未焚毁，那么在康熙十八年改建工程中提到的安装柱顶石、竖柱、上梁，又指什么呢？现存奉先殿总平面为工字殿，前殿七间、后殿七间，前后殿间以工字廊相连。康熙十八年绘制的皇城衙署图中，已绘有工字廊（图2），证明工字廊的建筑年代不晚于康熙十八年，很可能正是建奉先殿时的原貌。而根据《清实录》及《大清会典》的记载，康熙十八年的改建工程前后建筑规制并未改变，均为前殿七间、后殿七间，既然此前奉先殿并未焚毁，时隔短短22年又不可能年久失修。那么，此次改建工程的动机和规模又是什么呢？我们从绘制于康熙十八年的《皇城宫殿衙署图》看，当时的奉先殿前殿坐落在三层台基之上，而绘制于乾隆十五年（1750年）的《乾隆京城图》中的奉先殿正殿与后殿及工字廊共同坐落在一层工字形台基之上，这与奉先殿现状也是一致的（图3）。那么结合档案中提及的竖柱、上梁等工序可以推测，于康熙十八年五月至十九年十二月进行的奉先殿改建工程是对基于规制等级的改变而将奉先殿正殿的三层台基降为一层，建筑本体也是落架维修。这次改建的动因会不会是当初顺治十七年（1660年）发现奉先殿"建错"的问题却没能改造成功呢？

顺治十八年的工程把原计划的殿身九间，东西夹室各一间建成殿身七间，东西夹室各一间。因此，康熙十八年的改造工程除了降低台基，还将东西夹室墙去掉，形成不带夹室的九间殿，也就是现存实物的规制。这样一来，虽然总开间未变，但至少满足中间"殿身九间"的需要。当然，这只是笔者建立康熙皇城衙署图绘制准确无误的基础上的推测，此次工程的动因及改建规模还有待借助其他证据进一步考证。

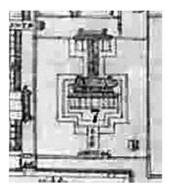 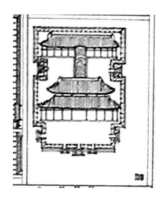

图2　康熙朝皇城宫殿衙署图中的　　　　图3　乾隆朝京城图中的
　　　奉先殿（康熙十八年）　　　　　　　奉先殿（乾隆十五年）

（二）从现存实物特征分析奉先殿大木结构年代

1. 正身梁架

奉先殿前后殿由工字廊相连，共同坐落在高1.6米的汉白玉须弥座台基上。奉先殿前后殿均为庑殿顶，正殿为重檐庑殿顶，后殿为单檐庑殿顶，是紫禁城内唯一一处由两个庑殿顶建筑组成的院落，可见规制等级之高。正殿为殿身七间，周围廊形式，通面阔45.46米，通进深23.5米。正殿前有宽阔的月台，南向出三陛。下层檐施以单翘重昂七踩镏金斗拱，二层檐为重翘重昂九踩斗拱，内拽转七踩。明间及东西一次间、二次间安装三交六椀菱花隔扇各四扇，东西三次间及梢间设三交六椀菱花槛窗。

奉先殿正殿为十一檩重檐庑殿顶建筑，自下而上为柱额层、斗拱层、梁架层。进深方向设五排柱子，前后檐柱、前后金柱、中柱。前后檐柱、金柱上承镏金斗拱，中柱上承品字科斗拱。前后桃尖梁后尾交于品字科斗拱之上。桃尖梁上承九架梁，其上为三、五、七架梁叠梁形式，桃尖梁背上两端设瓜柱承托九架梁。九架梁上设柁墩，上承七架梁；七架梁上设柁墩，上承五架梁；五架梁上再设柁墩，上承三架梁。三架梁中部设脊瓜柱，瓜柱两侧设角背支撑（图4）。

图4　正身梁架

2.推山梁架（图5、图6）

推山梁架东西向梁架自下而上为：金枋（下）带趴梁，金檩（下）与山面金檩（下）十字相交。趴梁前端趴于山面檐檩之上，后尾落于天花梁背之上。下金枋带趴梁，下金檩与山面下金檩十字相交。趴梁前端趴于山面金檩（下）之上，后尾与九架梁搭交。中金枋带趴梁，中金檩与山面中金檩十字相交，趴梁背上设交金墩，中金垫板与山面中金枋在交金墩处交接。上金枋带趴梁，上金檩与山面上金檩十字相交，趴梁背上设交金墩，上金垫板与山面上金枋在交金墩处交接。上金檩上承托南北向太平梁，太平梁下设支顶柱一根，柱脚落于天花枋之上。推山梁架南北向自下而上为：金檩（下）设檩垫枋三件，金檩（下）枋上承山面镏金斗拱后尾，金檩（下）枋两端出榫插入金檩（下）趴梁侧面卯口。下金檩位置设檩枋两件。下金枋两端出榫插入下金趴梁侧面卯口。中金檩位置设檩枋两件。中金枋两端出榫插入中金交金墩侧面卯口。上金檩位置设檩枋两件，上金枋两端出榫插入上金交金墩侧面卯口。

图 5　推山梁架 1

图 6　推山梁架 2

3. 细部做法特征

梁截面尺寸：三架梁高 580 毫米，宽 490 毫米，高宽比为 1.18∶1。五架梁高 700 毫米，宽 570 毫米，高宽比为 1.23∶1。七架梁高 850 毫米，宽 650 毫米，高宽比为 1.3∶1。梁截面尺寸接近 1∶1.2 的比例关系。《营造法式》卷五中大木作制度二规定，凡梁之大小，各随其广分为三分，以二分为厚，即梁高宽比为 1.5∶1 的比例关系，而清《工程做法》规定多为 1.2∶1 的比例关系。奉先殿梁截面的比例关系更接近清制规定。

梁架结构为抬梁式做法：主梁上下层叠密布，间距很小。九架梁与桃尖梁之间间距 685 毫米，七架梁与九架梁之间间距仅 100 毫米，五架梁与七架梁间距 220 毫米，三架梁与五架梁间距 630 毫米。主要梁枋均为上下叠拼而成，三、五、七、九架梁均为三拼梁（图 7）；推断是当时匠人们意识到拼攒的木料受力不如整体好，并且松木材性也远不及楠木。因此采用紧密的抬梁式做法，结构安全系数更高。

图7　拼合梁做法

　　梁截面做法：明代多为熊背做法。所谓"熊背"指梁上表面，因早期建筑草架部位常随自然材的形状加工成弧形面，似熊的后背圆滑、浑厚而得名。而彻上明造则因绘制彩画的需要仍需将各面加工平整。明初北京故宫神武门四架梁熊背为圆弧形且曲线圆滑，曲线部分宽同梁宽，与梁侧面交接部位过渡自然。其后出现近似圆弧形做法，即中段为平面，与侧面交角部位为圆弧形做法，例如北京故宫养心殿（明嘉靖）。至清代，这种曲线的弧面效果逐渐减弱，最终被四棱见线的裹棱做法所取代。奉先殿已是四棱见线的裹棱做法。

　　奉先殿正殿三架梁下为隐刻柁峰做法（图8）。柁峰是明代梁桁节点下常用的支撑形式，如明初北京故宫英华殿。长方形的柁墩形式在紫禁城明代建筑中草架部位也有应用，如万历二十二年（1594年）重建西华门，三架梁与五架梁之间、五架梁与天花梁之间均为长方形柁墩形式，清代则统一为长方形的柁墩的形式，仅保留结构承重作用。在明、清两代过渡时期，也有在柁墩上隐刻柁峰的做法。奉先殿隐刻柁峰做法体现了过渡时期的特征。

图8　三架梁下隐刻柁峰

椽子做法：屋面上下两根椽子交接通常有压掌和墩掌两种方式。压掌也叫等掌，是将交接部位砍制成斜面，上方的椽子压在下方椽子之上，交接出的平面几乎平行于地面。与清代直槎相交的做法不同，明代建筑常将椽子的后尾加工成卷额头的形式，像鹅的头顶，称为"卷鹅头"；早期加工更为精制，如明代北京故宫神武门、西华门、养心殿等建筑，这样既美观，又加强了受力面，结构受力更加合理，不容易开裂。墩掌做法是清代建筑常用的做法，优点是制作工艺简便，省时省工，缺点是容易错位。奉先殿已是清代做法。

4. 斗拱特征

（1）用材特征

奉先殿正殿下层檐施以单翘重昂七踩镏金斗拱（图9），上层檐为重翘重昂九踩镏金斗拱，内拽转七踩（图10），斗口90毫米。宋《营造法式》规定："构屋之制，以材为祖，材分八等，度屋之大小因而用之。"宋制斗科采用"材份制"，以材、栔的组合方式为特征。第一等材为最大，广九寸，厚六寸。第八等为最小，广四寸五分，厚三寸。清《工程做法》规定采用斗口材分制度，以斗口为标准度量单位，实际上就是材的宽度，分为十一等材，头等材宽六寸，其后每降一等减五分，十一等材宽一寸。清代官式建筑用材等第虽多，但实际常用的在四等以下。宋代以后，随着斗拱结构作用的减弱，斗拱数量增加、尺寸逐渐减小，至清初已非常显著。奉先殿斗口仅 90 毫米，仅合清制七等材，奉先殿斗口用材符合斗拱用材的历史演变规律。

图 9　下层单翘重昂七踩镏金斗拱外拽

图 10　上层重翘重昂九踩镏金斗拱外拽

（2）细部做法

①奉先殿坐斗无斗（幽页），是清代的直线形。宋代斗拱坐斗斗底两侧不是直线，而是略向内凹的弧线，称为"幽页"（同"凹"）。宋《营造法式》卷四，大木作制度一，斗："造斗之制有四：一曰栌斗……高二十分。上八分为耳，中四分为平，下八分为欹。开口广十分，深八分。底四面各杀四分，欹幽页一分。"明代多沿袭宋制，如明初北京故宫神武门坐斗有斗

(幽页)，而清《工程做法》则取消了"幽页"的做法，简化为直线。②奉先殿斗拱没有隐刻华头子的痕迹。华头子是宋代华拱（相当于清代的翘）的一部分，华头子："华拱伸出斗口、刻作两卷瓣的部分，上承下昂。"[1] 明代虽已不再使用，但常在昂底面做假华头子，如北京故宫神武门昂头底面刻假华头子。清初康熙三十四年（1695 年）重建太和殿，则是将华头子的形式隐刻于昂的侧面，起到装饰作用。这种做法在清中后期建筑实例中已很少见到，体现明末清初过渡时期的做法特征。奉先殿斗拱没有隐刻华头子的痕迹，已是清制做法。③角科斗拱是明代常用的鸳鸯交首拱的形式，而不是清代的搭角闹头昂形式。宋《营造法式》卷四："凡拱至角相连长两跳者，则当心施斗，斗底两面相交，隐出拱头，谓之鸳鸯交首拱。"明代角科斗拱沿用这种形式，例如明正统时期的智化寺万佛殿鸳鸯交首拱，北京故宫中和殿、保和殿鸳鸯交首拱等，有些在形式上会出现细微的变化，如保和殿的鸳鸯交首拱两拱相交处刻出拱形线。作为明代做法的延续，筑鸳鸯交首拱在清初仍有使用。后来官式建筑鸳鸯交首拱形式已很少见，逐渐被搭交闹头昂形式取代，《工程做法》中也仅规定了搭交闹头昂形式，而奉先殿沿用鸳鸯交首拱做法，是明代做法的延续（图 11）。

图 11　角科斗拱

---

1 潘谷西，何建中 . 营造法式解读 [M] . 南京：东南大学出版社，2017.

　　镏金斗拱：奉先殿镏金斗拱挑杆以正心枋为界将外拽的昂与内拽的挑杆分为两个构件，与清《工程做法》图例一致。宋代下昂为结构构件，与挑杆是连为一体的，自昂嘴起即斜向上挑起。因下昂与多跳斗拱构件相交，榫卯构造复杂，制作必须严丝合缝。将挑杆位置上移，相交构件减少，可使构件榫卯减少、制作简单。明代以后水平部分逐渐延长，转折点逐渐移向里侧，清《工程做法》图例单翘单昂镏金斗拱，是以正心枋为界将外拽的昂与内拽的挑杆分为两个构件（图12～图15）。

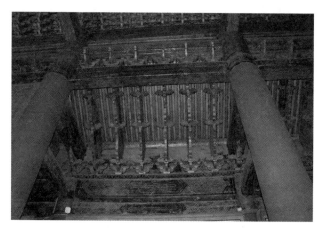

图12　下层单翘重昂七踩镏金斗拱内拽

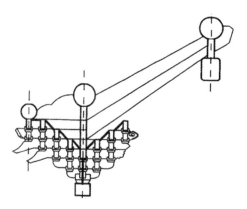

图13　上层镏金斗拱平身科起称杆位置
（图片来源：刘榕. 奉先殿大木构造浅析 [C]// 中国紫禁城学会. 中国紫禁城学会论文集（第三辑）北京：紫禁城出版社，2000）

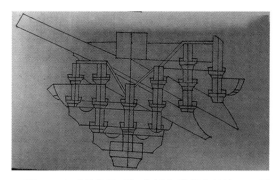

图 14　宋《营造法式》六铺作重拱出单抄双下昂
（图片来源：《营造法式》故宫藏抄本，卷三十，大木作制图图样）

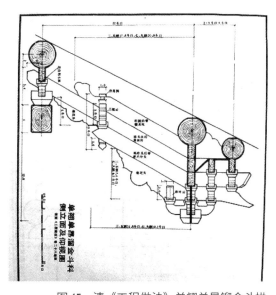

图 15　清《工程做法》单翘单昂镏金斗拱
（图片来源：王璞子．工程做法注释 [M]．北京：中国建筑工业出版社，1993）

五、结论

　　综合档案记载和实物分析，推断奉先殿一区在顺治十四年重
建后经过康熙十八年的改建形成现在的建筑布局。从整体大木结
构特征上看，奉先殿正殿为清初建筑。结合档案判断，很可能是
在顺治十四年重建后，经过康熙十八年一次落架维修后的遗物。
此外，奉先殿斗拱在用材及构造做法上总体上体现清代做法特
征，仅局部延续明代做法，体现了明清过渡时期的特征。

故宫慈宁宫花园咸若馆木构架打牮拨正

刘红超* 吕小红**

摘　要：本文分为七个部分，主要记述故宫慈宁宫花园咸若馆的历史沿革、结构特征、结构病害，以及修缮中对其采用打牮拨正方案所遇到的问题、解决的过程、形成的最终做法，并将咸若馆打牮拨正过程及整个关联修缮作业进行了全面记录。

关键词：慈宁宫花园；咸若馆；打牮拨正

　　中国传统木构架建筑多采用梁柱结构，构件之间用榫卯结合，其抗变形刚度较弱，在地震、强风或地基沉陷的作用下易发生节点松脱和构架歪闪。对歪闪变形的木构架进行纠偏加固，是我国古建筑修缮加固的重点工作。运用的技术有多种，其中较为普遍使用的是"打牮拨正"。归整梁架的方法，一方面是将下沉构件抬平，此方法称为"打牮"；另一方面是将左右倾斜构件归正，称为"拨正"。实际工作中两方面是分不开的，此项工作被统称为"打牮拨正"。古文献上叫"扶荐"（牮与荐同音），含义和打牮拨正相同[1]，是指在不落架的情况下对木结构的歪

---

*故宫博物院工程管理处高级工程师。

**故宫博物院古建部正高级工程师。

闪、倾斜、局部下沉、个别构件糟朽等情况进行校正。

故宫慈宁宫花园的咸若馆抱厦大木结构整体向东南方向倾斜，大木架变形，致使梁、枋、柱拔榫以及装修变形。若落架整修，其施工技术难度并不大，但在咸若馆施工中无法做到。因为在其室内后檐墙上有精美壁画，紧贴东、北、西三面墙有体量巨大且做工精致的金漆毗庐帽供经龛。为保护珍贵的室内原状文物就不能整体落架，也无法将正殿前檐装修全部拆除。施工中还要保证整体梁架不倾斜、失稳；要保证檐柱回拨调正且木构架无损伤；要保证梁底彩画不破坏；要保证所有木构件归安成功。这一切的施工难度是巨大的。

于 2011 年开始的慈宁宫花园修缮工程中对咸若馆采用了"打牮拨正"工艺进行维修。因其施工范围广、难度大、周期长而具有一定的典型意义，也给传统修缮工艺与现代文保理念和现代机械工具相结合提供了一定的借鉴。

一、历史沿革

咸若馆是北京故宫慈宁宫花园内重要建筑。慈宁宫花园又称慈宁宫南花园或寿康宫花园，位于故宫内廷外西路慈宁宫西南，为故宫四大花园之一（另外三座为御花园、宁寿宫花园和建福宫花园）。慈宁宫花园以佛堂多且收藏有大量藏传佛教文物而著称。它始建于明代，是明清两朝的太皇太后、皇太后及太妃嫔们游憩、礼佛以及祭祀先皇、寄托哀思之处。

慈宁宫花园始建于明嘉靖十五年至十七年（1536—1538年），是在明代早期建筑仁寿宫的旧址上改建而成的，以后经过多次改建，至清乾隆年间形成今日之格局（图 1）。明代建筑中原有临溪观、咸若亭，于明万历十一年（1583 年）五月改名为临溪亭、咸若馆。花园最大的变化发生在清乾隆三十年（1765年）。为了满足笃信佛教并长年居住在寿康宫的乾隆皇帝生母崇庆皇太后就近礼佛、供佛的需要，乾隆皇帝下旨对花园进行了大规模改建，是年正月十三日，慈宁宫花园改建工程正式开始。

清乾隆三十四年（1769 年）后，慈宁宫花园的总体格局未再发生变化（图 1）。

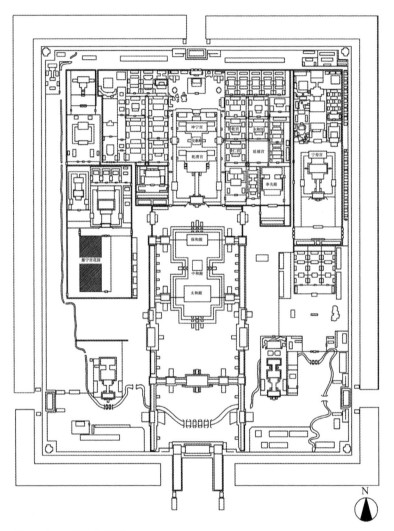

图 1　慈宁花园位置图

花园南北长约 130 米，东西宽 50 米，总占地面积约 6800 平方米。园中现存九处房屋及两座花坛，共计 11 座建筑，中轴对称布局，多集中于花园北部。南部地势平坦开阔，种植松柏、梧桐、银杏，叠石为山，圈地养鹿。中部挖水池养水莲，上设临溪亭，周围种植玉兰、丁香。临溪亭南北分设方形花坛两座，种植芍药和牡丹。北部多建筑，围绕种植四季常青的侧柏和白皮松。慈宁宫花园的存在，使太后、太妃、太嫔不费跋涉之劳而得山林之趣，在礼制森严的紫禁城中，是唯一能令前代后妃们寻得心灵慰藉的轻松所在。

慈宁宫花园建筑布局多受宗法、礼制、风水等因素影响，按照主次相辅、左右对称排布，显得严肃而规整，与轻松妙趣的园林建筑布局大异。其中轴线由南至北依次为花坛、临溪亭、花坛、咸若馆和慈荫楼。中轴线东侧由南至北依次为临溪亭东配殿，含清斋和宝相楼。中轴线西侧依次对应为临溪亭西配殿、延寿堂和吉云楼。室外分布假山、古树、花坛及陈设的文物。咸若馆周围为海墁地面；临溪亭周围为方砖及石子艺术甬路；周围有院墙，整体为南北向独立院落。

该区域建筑因保存大量藏传佛教文物原状陈列，故一直作为故宫重要的文物库房使用，部分建筑及庭院曾用于办公及存放杂物。

咸若馆位于慈宁宫花园北部中央，是园中主体建筑，为清代太后、太妃礼佛之所。明代初建时称咸若亭，万历十一年（1583 年）更名曰咸若馆。咸若馆面阔五间，前出抱厦三间，平面呈现 T 字形。"咸若"一词取自《尚书·皋陶谟》中皋陶与大禹讨论如何实行德政、治理国家时大禹的一句话："吁！咸若时，惟（注：同'唯'）帝其难之"。清乾隆年间先后大修，清乾隆三十年（1765 年）改建增设抱厦，即今所见形制。咸若馆坐北朝南，正殿五间，前出抱厦三间，四周出围廊。正殿为黄琉璃瓦歇山式顶，抱厦为黄琉璃瓦卷棚式顶。在正殿的东、北、西三面墙壁前，设有"⊓"形通连式金漆毗庐帽供经龛，龛内的四层踏跺上原供奉《甘珠尔经》一百零八部。[2] 现存放多尊铜佛像。至 2011 年准备修缮时，一直作为故宫宫廷部宗教文物组的库房，存有大量铜质藏传佛教造像和室内陈设文物。

咸若馆 1930 年后修缮记录如下：

1. 1930 年对慈宁宫花园土木部分进行维修

当时该区域建筑瓦顶生草节陇瓦件松脱渗漏，瓦件多松动过龙脊各脊走闪严重，瓦件残缺，咸若馆、延寿堂、含清斋天沟漏雨。各殿椽望、连檐瓦口糟朽严重，望板糟朽露背。咸若馆西头仔角梁、大额枋、方柱、插金坨后尾等糟朽严重。临溪亭东西配殿梁头、柱头、檩、枋部分糟朽，门槛框糟朽；墙坍塌，博风头博风残缺，后檐墙后檐冰盘檐松动，墙体局部酥碱。含清斋、延寿堂白檀篦子坍塌毁损。此工程对各座建筑瓦顶清除杂草，按旧式苫大麻刀青灰背掺灰泥背各一层，临溪亭西配重做1∶2细焦砟灰瓦瓦，麻刀红灰调脊。添配瓦件、脊兽、钉帽。添配瓦件、脊兽、钉帽。按原式添配椽子望板连檐瓦口，铺钉整齐；添配白檀篦子；咸若馆、临溪亭东西配殿大木落架糟朽构件更换，添配整齐。临溪亭东西配殿择砌墙体，安装博风头、博风，后檐墙拆砌，择砌冰盘檐。归安台明，挖补方砖地面。

2. 1952—1953 年对慈宁宫花园进行维修

宝相楼揭瓦瓦顶，归安替换大木，其余斗拱、椽望、角梁、挂檐板均照原椽修复并断白油饰。临溪亭池身石岸基石风化腐蚀，剥落、破裂、鼓闪情形严重，影响临溪亭向南倾闪，石栏杆倾闪有破损，修整基石，对残破部位重点修缮。临溪亭东庑房屋顶坍塌，屋顶局部揭瓦，修整大木椽望。延寿堂屋顶坍塌，屋顶局部揭瓦，修整大木椽望。慈宁宫花园各殿局部揭瓦檐头更换椽望，部分瓦顶除草、捉节、夹垄。院墙墙帽除草捉节夹垄。

3. 1958 年对慈宁宫花园进行维修

此次工程对慈宁宫花园区进行了比较全面的维修。主要是吉云楼瓦顶全部揭瓦、苫背、挑脊，添配琉璃瓦件；补配椽望连檐瓦口，北山椽望等归正重新铺钉；山面承椽枋拨正，以铁活加固，椽尾于踩步金间以铁丝固定，替换子角梁、角梁并归正，钉补山花板；归配大斗瓜拱，全部修补归安整齐；揭安压面石修整檐边木，补配吊挂琉璃挂檐。慈荫楼南坡揭瓦盖瓦顺底瓦，北、西、东坡捉节夹垄，东北角挑脊局部揭瓦，修钉连檐瓦口，归安角梁、挑尖顺梁。含清斋前殿全部揭瓦，重做三毡四油青灰背天沟，替换檩枋，钉补梁头；过廊更换小角梁，揭瓦不配瓦件；后罩房檐头局部揭瓦，替换连檐瓦口飞椽。延寿堂前殿屋面大木坍塌落架重修，更换大木。重新瓦布瓦、苫焦渣、背青灰背，替换连檐瓦口飞椽，天沟重做三毡四油1∶3焦渣背6.5厘米苫麻刀青灰背2厘米。临溪亭东配殿大木新做添配檩枋垫板梁后檐柱替换，后檐斗拱新做添配齐心，前檐修补加固，添配铺钉椽飞望板连檐瓦口，1∶2细焦渣灰瓦瓦，100∶3∶5麻刀红灰捉节夹垄，苫1∶3白灰焦渣8厘米，100∶5青灰背2厘米拍大麻刀护板灰1厘米，添配琉璃瓦件，瓦瓦调脊，山墙外墙身红灰抹饰，内墙墙身包金土抹饰拉绿边红道齐白粉，隔扇槛窗修正添配，菱花改单层，内按新做开关扇玻璃屉，帘架按原式补配整齐。临溪亭西配殿屋顶全部揭瓦更换望板，替换椽飞，连檐瓦口。

4. 1982年对慈宁宫花园进行维修

主要是对该区域瓦顶进行全面捉节夹垄保养。

5. 1993年对慈宁宫花园进行修缮

针对吉云楼佛龛进行铁活加固。慈荫楼前檐瓦顶揭瓦檐头，更换连檐瓦口，椽望，瓦顶捉节夹垄，大墙择砌找补抹灰刷浆，挖补干摆下肩、台帮，揭墁散水，挖补地面等。吉云楼捉节夹垄，添配瓦兽件，二层平面南廊心墙补砌，台明阶条石归安，台帮择砌。宝相楼捉节夹垄，添配瓦兽件，配铁套兽榫，台明阶条石归安，台帮择砌，褥子面散水挖补。含清斋、延寿堂瓦顶根除草树，天沟局部揭补，重做防水，瓦顶查补，修补过垄脊，根除后院杂树，台明归安，台帮择砌。修整随墙门，更换门枕石……临溪亭西坡更换大连檐，揭瓦檐头，其余瓦顶捉节夹垄，添配瓦兽件，挖补散水。临溪亭东配殿瓦顶除草，捉节夹垄，添配瓦件，北山墀头梢子择砌，象眼择砌，廊子方砖地面挖补，南山褥子面散水揭墁，西侧散水挖补。临溪亭西配殿瓦顶捉节夹垄，添配瓦件，南山干摆下肩挖补，象眼择砌，垮口扇添配玻璃。院落北部海墁地面挖补。院墙墙帽除草，查补，添配瓦件。两花坛个别压面砖残缺添配修补整齐。

6. 1930年对慈宁宫花园油饰彩画进行维修

7. 1958年对慈宁宫花园油饰彩画进行维修

咸若馆下架全部重新油饰。擎檐柱及老檐柱槛框踏板做一麻五灰地仗，上三道油，东角窝角处补配雀替，补画彩画。

二、咸若馆建筑结构特征

咸若馆坐北朝南，位于慈宁宫花园中轴线北部；正殿五间，前出抱厦三间，四周出围廊，共有梅花柱三十根做擎檐柱；整体坐落在石质须弥座台基之上，台基高 520 毫米。

1. 正殿形制

正殿为六样黄琉璃瓦歇山式顶，滴水坐中，瓦件多有"乾隆三十年春季造"戳记。

正殿木结构为抬梁式，主梁为七架梁，上面依次承托五架梁和三架梁。斗拱、梁身、椽子、角背等大木构件具有明代的特征（表1）。

表 1　咸若馆正殿斗拱形制分期表

斗拱位置	形制类型	期属
柱头科	五踩双昂：2A Ⅱ + Ⅲ T3H+	第二期、第三期均有可能，由昂身形制可知偏属于第二期（明成化至嘉靖前期）
平身科	五踩双昂：2a X Q-h+	第二期，明洪熙至嘉靖前期
角科	五踩：B1S Ⅱ L2	第三期，明正德至万历中期，由昂嘴形制可缩小年代区间为明正德至嘉靖时期

资料来源：王藏博，徐怡涛.明清北京官式建筑柱头科、平身科形制分期研究：兼论故宫慈宁宫花园咸若馆建筑年代 [J]. 故宫博物院院刊，2019（8）：47。

室内装饰考究别致：梁檩上的龙凤和玺彩画灿然生辉，顶部的海墁花卉天花清丽淡雅。室内明间柱子的装饰颇具藏式佛殿之特点；贯通东、北、西三面墙壁的连通式金漆毗卢帽梯级大佛龛，给人以庄严神秘之感（图2～图7）。

图 2　正殿内毗庐帽梯级大佛龛及存放的文物

图 3　毗庐帽

图 4　正殿壁画与阶梯佛龛

图 5　正殿椽子后尾的鹅颈头造型

图 6　正殿三架梁角背与脊瓜柱造型

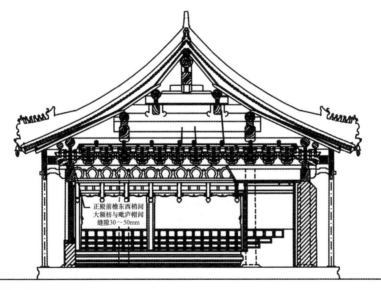

正殿前檐东西梢间
大额枋与毗庐帽间
缝隙30～50mm

图 7　正殿剖面图
（图片来源：吕小红设计，庄立新制图）

2. 抱厦形制

抱厦面阔三间，进深一间，为黄琉璃瓦六檩卷棚式歇山式顶。木构件体现清代特点（表2、图8、图9）。

表2 咸若馆抱厦斗拱形制分期表

斗拱位置	形制类型	期属
柱头科	五踩双昂：2C Ⅳ T3H-	第五期，清康熙至咸丰时期
南平身科	五踩双昂：2c ⅩⅠ Q-h-	第五期，清康熙至咸丰时期
西平身科	五踩双昂：2A ⅩⅠ Q-h-	第四期，第五期均有可能，待与文献史料互证
东平身科	五踩双昂：2a ⅩⅡ Q-h-	第六期，清同治至民国北洋政府时期
角科	五踩：D Ⅲ L4	第五期，清康熙至咸丰时期
西掖角角科	五踩：Ⅲ	第四期，第五期均有可能，待与文献史料互证
东掖角角科	五踩：Ⅴ	第六期，清同治至民国北洋政府时期

资料来源：王藏博，徐怡涛.明清北京官式建筑柱头科、平身科形制分期研究：兼论故宫慈宁宫花园咸若馆建筑年代 [J].故宫博物院院刊，2019（8）：48。

图8 抱厦角科斗拱

图9 抱厦六架梁

3. 正殿与抱厦连接形式

咸若馆正殿始建于明代，清乾隆三十年（1765 年）改建增设抱厦。两者木构架并不是有序排布的一体，致使抱厦大木构件与正殿大木构件为非常规连接。增设抱厦时，将正殿七架梁梁头修改，使之与抱厦六架梁对接，下面设置附柱支撑；在正殿与抱厦屋顶连接处做天沟。这样的连接形式造成两者结构拉接力薄弱，整体结构稳定性不强。这也是屋架歪闪，需要进行打牮拨正的最主要原因。另外，正殿大木构件的变形，也加剧了抱厦大木的变形（图 10、图 11）。

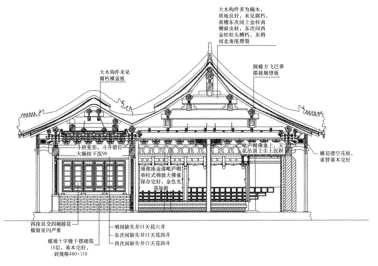

图 10　咸若馆剖面图
（图片来源：吕小红设计，庄立新制图）

图 11　抱厦与正殿木构连接形式

三、咸若馆建筑结构病害

咸若馆正殿与抱厦结构连接薄弱，在地震发生时整体木构架产生歪闪，木柱出现倾斜（图12～图15）。

（1）抱厦整体向南倾斜，抱厦与正殿檐柱柱头偏移勘测数据如下：

①抱厦前檐檐柱（由西向东排列）柱头均向南闪，尺寸分别是55毫米、80毫米、50毫米、50毫米。

②正殿前檐西二缝檐柱向南闪55毫米；西次间平板枋向南走错40毫米；平身科斗拱外闪。

③正殿东次间东缝柱头科斗拱南移80毫米；正殿前檐东二缝檐柱向南闪80毫米。

④正殿前檐东西梢间大额枋与室内毗庐帽间缝隙40～50毫米。

（2）由于抱厦整体向南倾斜，造成装修歪闪，隔扇变形无法打开。

（3）抱厦井口天花发生形变，产生支条折断残损、天花板缺失。

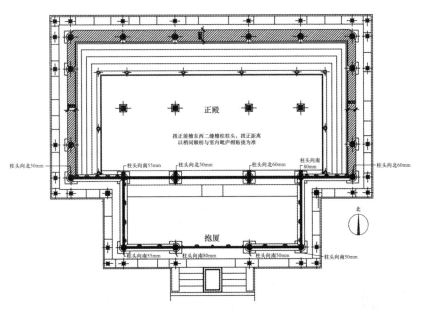

图12　咸若馆柱网倾斜实测图
（图片来源：吕小红设计，庄立新制图）

图 13　抱厦整体向南倾斜

图 14　抱厦隔扇发生形变

图 15　抱厦井口天花残损

四、打牮拨正方案

（一）初始方案与调整

在设计勘察时发现咸若馆正殿结构稳定，抱厦向南倾斜。故原始设计方案为抱厦、正殿挑顶揭瓦，抱厦东西次间两山与正殿交接部位窝角大木局部落架至柱头，打牮拨正，待踏勘清楚后制定维修方案，拨正正殿西南角、东南角三根擎檐柱。

2011 年春季工程启动，4 月 2 日设计现场确认，正殿屋面保存较好，故将挑顶揭瓦做法改为捉节夹垄。抱厦为保证打牮拨正，大木构件根据需要逐层拆卸，打牮拨正后恢复原貌。

在将抱厦上架大木拆至檐檩位置时，发现以下问题：

（1）抱厦大木结构整体向东南方向倾斜，大木架变形，有一部分原因是抱厦前檐柱南倾，致使梁、枋、附柱及正殿前檐柱拔榫，另一部分原因为正殿前檐柱向南、北分别倾斜，引起大木架变形。

在抱厦大木落架前，仅能观测到抱厦檐柱倾斜而无法看到正殿檐柱的情况。发现正殿前檐柱柱头不在一条线上，呈现出分别向南北偏斜时，对所有柱子进行了测量（图 16），采用水准仪、全站仪、激光测距仪、钢尺等设备精细测量了相应柱头的偏移量并制作成图（图 12）。

图 16　激光定位测量柱位偏移量

根据对咸若馆柱网倾斜实测图进行分析，抱厦木构形变还关系着正殿前檐柱的倾斜，原方案仅对抱厦打牮拨正是不够的，只有将正殿檐柱归正才可以根本性地解决问题。

（2）抱厦明间东一缝梁、枋向南移位拔榫，梁头与正殿有部分拉接，附柱向南倾斜（图17）。

图 17　抱厦明间东一缝梁、枋向南移位拔榫

（3）抱厦明间西一缝梁、枋向南移位拔榫，梁头与正殿有部分拉接，附柱向南倾斜（图18）。

图 18　抱厦明间西一缝枋向南移位拔榫

（4）抱厦明间后檐下金檩轮裂（图19），劈裂严重，ϕ335毫米 ×5550毫米。

图 19　抱厦明间后檐下金檩劈裂

　　（5）抱厦东山墙大额枋与正殿檐柱交接处可能因榫头糟朽，致使大额枋下沉 60 毫米，但无拔榫现象（图 20）。

图 20　抱厦东山大额枋下沉

　　（6）抱厦西山墙大额枋与正殿檐柱交接处榫头糟朽，致使大额枋下沉 50 毫米，大额枋向南移位拔榫 30 毫米（图 21）。

图 21　抱厦西山墙大额枋下沉拔榫

　　（7）抱厦窝角沟角梁下擎檐柱为包镶，窝角梁糟朽（图 22）。

图 22　抱厦窝角沟角梁下擎檐柱为包镶

　　（8）隔架科及随梁下沉（图 23）。

图 23　隔架科及随梁下沉

　　按图纸要求，咸若馆抱厦向南倾斜的木构件需打牮拨正，但最大可能也只是把拔榫的构件拨回，不能把向南倾斜的抱厦檐柱拨正。因为抱厦的纵向构件与正殿的前檐柱相连，病害的主要原因是正殿前檐柱子走闪。而正殿的前檐柱有向南倾斜的也有向北倾斜的（见咸若馆柱网倾斜实测图），如把拔榫的构件拨回也不能把抱厦檐柱拨正。

　　根据现场情况，各方经过沟通后进行如下调整：如按原方案打牮拨正并拨正到大木主架验收规范要求，正殿必须挑顶，上架大木拆卸，先将正殿大木构架拨正达到大木主架验收规范后对抱厦大木进行拨正。

　　归安须保证的条件：拆卸一切影响打牮拨正的木构件，修补加固及更换的构件在打牮拨正之前完成。拆卸正殿梢间前檐的椽望，拆卸椽望后梢间室内的文物就要暴露。在这种情况下，搬走可移动的文物，对不可移动的文物如毗庐帽进行现场保护。采用围挡封护，用钢管做骨架，上绑木枋，在木枋上钉大芯板；在毗庐帽的上方也要在木龙骨支架上钉大芯板，这样可起到保护文物的效果。梁枋檐檩因有彩画，地仗为一麻五灰地仗，须在央角处分割，单件拆卸，归安完成后修复彩画。打牮拨正前拆除隔扇、槛窗及槛墙。

　　据此，设计并重新制定咸若馆打牮拨正方案，作业主体由抱厦转为正殿。实施过程中亟须解决好以下几个关键的施工技术问题：

　　（1）减轻屋面荷载，卸除牵连木构件的程度要尽量保持大木梁架稳定性达到平衡。

　　（2）做好室内外的支护，避免结构失稳，同时做好标示，随时进行监测。

　　（3）正殿檐柱与毗庐帽梯级大佛龛间距有限，仅 40 ～ 50 毫米，施工作业面狭小，需要极力避免在柱头回拨过程中对毗庐帽产生磕碰损伤。

　　（4）正殿梁架依次打起，要控制打起的尺度，既满足回拨柱头的操作量，又避免一端抬升梁头尺度过大而对木结构损伤。

　　经各方协力，结合现场勘察，专家踏勘，反复考量论证，设计并制定了新的打牮拨正方案以彻底解决问题。即对咸若馆正殿挑顶，拆卸椽望、天花枝条、天花板；拆卸正殿前檐装修、槛框（梢间除外）；正殿梢间槛墙靠东西二缝檐柱部位扒柱门；抬起正殿东西二缝七架梁，拨正其下檐柱；拨正抱厦木框架；归安大木梁架。

　　2012 年 6 月 28 日举行了专家论证会（图 24），并根据专家意见完善了方案，重新向北京市文物局、国家文物局和北京市文物局申报并获得通过。

图 24　专家论证会

（二）打牮拨正工序

　　（1）抱厦及正殿四周必要部位绑好迎门戗和捋门戗支顶，正殿室内搭设满堂红架木，以确保施工安全。

　　（2）按照原设计方案正殿屋面挑顶，测出建筑原有囊线弧度。

　　（3）抱厦及正殿前檐需保留彩画的构件拆卸时，要在央角处割断，拆卸后对保留的彩画部分用泡沫塑料保护以免移动时碰损。清理大木构架榫卯内的杂物、尘土，检查连接构件榫卯情况，如有损坏应先加固或修整。

　　（4）抱厦全部斗拱、正殿前檐平身科斗拱实施拆卸。拆卸时须记录每攒构件编号及部位，至地面后按攒码放。

（5）拆卸正殿椽望，天花支条、天花板；按间编号。拆卸正殿前檐装修、槛框（梢间除外）。正殿梢间槛墙靠东西二缝檐柱部位扒柱门，范围以满足拨正柱子需要为准。

（6）正殿东、西二缝七架梁搭防侧移架子，七架梁下通垫两层垫木，按高度截取支顶柱 3 根（直径 250 ~ 300 毫米圆木）。对七架梁底部支顶部位彩画进行保护，放千斤顶（放 2 个，每个 10 吨），调整到位。搭起重架，五架梁上拴吊链。确认所有准备工作及安全工作无误，慢打千斤顶，支顶柱底部背大头楔子跟紧，仔细观察七架梁打起时的梁架变化，打起 20 毫米（打起高度以柱子可以拨动为准，尽量减少打起高度）停止，并加固已打起的七架梁，打千斤顶的同时慢慢吊起五架梁，用戗杆视实际情况向内拨正梁下檐柱，拨正距离以梢间额枋与室内毗庐帽贴拢为准。缓缓放下千斤顶，确认无误后撤去支顶柱及千斤顶。待东二缝七架梁拨正后再拨正西二缝七架梁（图 25）。

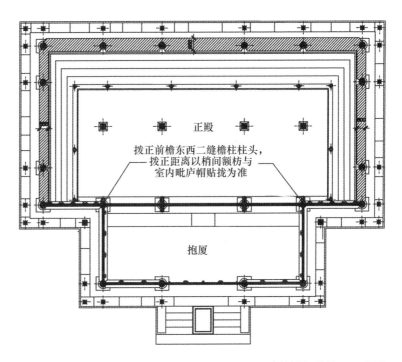

图 25　咸若馆打牮拨正示意图
（吕小红设计，庄立新制图）

（三）做法要求

1. 墙体

按原形制重新摆砌抱厦前檐次间、东西山面十字缝干摆槛墙、正殿东西梢间柱门处干摆槛墙。

2. 大木构件

1）柱：柱根表皮糟朽，深度不超过 $D/4$ 时，剔挖的面积以最大限度地保留柱身没有糟朽的部分为合适，防腐处理和用干燥木材以耐水性胶黏剂贴补严实。对墙内揭露的木柱维修后，待木柱干燥至要求之后进行防腐处理。抱柱归位。

2）额枋加固，平板枋归位：下沉的额枋采用支顶找平，榫下垫硬木与口搭接严实。抱厦东西山面额枋与正殿前檐东西二缝檐柱用钢板、钢筋、螺栓加固牵拉，形成抱厦、正殿为结构整体；保留明间抱厦六架梁与正殿七架梁现有铁活。随施工进度的进一步实施，大木构架拆卸后，根据具体情况及时确定加固做法，绘制施工图纸。

3）梁枋：抱厦明间东一缝六架梁上皮糟朽，侧面彩画表皮下出现隐约断裂纹。由于构件没有拆卸下来，糟朽的具体情况尚不明确，待拆卸之后根据其承载能力的验算结果采取不同的方法。剩余截面面积尚能满足使用要求时，可采用贴补的方法进行修复，用干燥木材按所需状态及尺寸，以耐水性胶黏剂贴补严实，再用铁箍或螺栓紧固。若承载能力已不能满足使用要求，须更换构件。更换时，选用与原构件相同树种的干燥木材。

4）其他木构件：隐蔽部位的木构件糟朽及残损情况随施工的进行，详细勘验、记录，及时制定设计补充方案。

3. 装修修理

隔扇归安方正，补配菱花支条、菱花扣。前檐东二次间隔扇上槛榫头部位缺失，进行嵌接，用干燥木材按所需状态及尺寸，以耐水性胶黏剂贴补严实。修补加固天花；添配缺失、残损的支条、天花板；按编号原位归安天花支条、天花板、帽梁；吊挂结实。

4. 修配、回安斗拱

回安斗拱的过程中对斗拱构件进行全面检修，修补、添配缺失的升斗；粘接、修整开裂变形的升斗；更换糟朽、变形的构件。

5. 添配椽子、望板，更换连檐、瓦口

抱厦、正殿整体梁架木构件安装后，重新铺钉椽望，圆椽方飞，闸挡板，椽子巴掌搭接。椽子安装均使用捏头钉。按原制正殿竖望板、抱厦横望板。

檐椽、飞椽、翼角椽、翘飞完好的继续使用，糟朽、变形、劈裂、豁掌的按原规格、尺寸，檐椽、翼角椽用杉木，飞椽、翘飞用红松配制。

望板、连檐、瓦口、里口木、椽碗，按原规格、式样、尺寸以红松更换配制。压飞尾望板审档铺钉。椽望全部做防腐。

6. 防虫、防腐、防白蚁处理

维修时木构件腐朽部分必须用铁刷刷净，经防虫、防腐、防白蚁处理并经专业机构认可后方可进行下一步维修。新木材同样也要做防虫、防腐、防白蚁处理后方可使用。

7. 屋面苫背、调脊、瓦瓦

屋面工程按照瓦作工序，苫护板灰、泥背、灰背，钉瓦口，分中，号垄，冲趟，拴线，挑垂脊，调正脊，安装正吻，挑戗脊、博脊，瓦瓦。原有琉璃瓦件保存完好继续使用，残缺、破损的琉璃瓦件更换、添配，瓦件按原式样烧制、补配。屋面瓦件原位回瓦。抱厦与正殿前檐连接处，做天沟铺铅背。

苫背瓦瓦做法如下：

1）望板上涂刷防腐油两道，苫 100：3：5 麻刀青灰护抹灰一道厚 1.5 厘米，擀轧坚实平整。待基本干燥后苫泥背。

2）苫4∶6掺灰泥背。其中，材料配比为四成泼制过筛白灰，六成无杂质砂性黏土，如确无可用白灰时，可以石灰粉代替；厚度：由于现有正殿屋面泥背平均厚度达30厘米，超出常规做法，且屋面未全部拆除，泥背厚度待屋面全部揭瓦进行详勘后，再定具体厚度。木架折线处拴线垫囊，要求与原有囊线弧度一致。垫囊分层进行，垫囊和缓一致，待泥背放干后苫青灰背。

3）苫100∶5∶10大麻刀青灰背，总厚3厘米，分两次苫齐（每次轧实后为1.5厘米），分层擀轧坚实，表面刷浆压光，待灰背干燥后瓦瓦。

4）以4∶6掺灰泥（材料配比同泥背）瓦瓦。所用瓦件在使用前须过手检验，发现有破裂及烧制变形者不得使用。以100∶3∶5麻刀青灰扎缝，100∶3∶5麻刀红灰捉节夹垄。要求瓦瓦泥饱满，瓦翅背实，熊头灰挤严，随瓦随夹垄，不大于3.5厘米，捉节勾抹严实。瓦面须当均垄直，底瓦不侧偏，盖瓦不跳丝，瓦面擦拭干净。

调脊做法如下：

瓦面瓦齐后，拴线以100∶3∶5麻刀红灰捏当沟，分层填馅苫小背调脊。要求：两坡一致，分层挂线，正脊要平直，垂脊囊和缓一致，填馅饱满，小背苫轧坚实，碰头灰挤严，扣脊瓦接缝处100∶3∶5小麻刀红灰捉夹严实，表面轧光擦净。

天沟做法如下：

由于建筑天沟部位容易造成雨水渗漏，在历史上的维修记录也多次证明此处为薄弱环节，现有天沟部位为1984年维修工程时用加气砖填充后苫灰背厚达70厘米，荷载较大。因此为保证延长建筑使用寿命，缩短维修周期，本工程将不再采用此做法，在天沟部位钉制椽及望板，减轻荷载后于其上苫背并垫找天沟坡度，在新做天沟灰背之上用铅背加做一层天沟防水，铅背之上以油满糊布后苫30毫米青灰背一层，待灰背干燥后于其上再涂刷柔性防水材料一层。

于2013年进行的咸若馆修缮进程见表3。

表3　2013年咸若馆修缮进程

时间	施工进度
3月18日	工人进场
3月22日	完成关于"打牮拨正"变更设计的设计交底工作
3月25日	监理正式下达复工令
3月28日	完成咸若馆后坡及两撒头处泥灰背的拆除工作
3月31日	完成打牮拨正的各项准备工作
4月1日	下午1点半，开始进行"打牮拨正"
4月1日—4月3日	咸若馆打牮拨正完成
4月5日—4月8日	咸若馆斗拱完成归安
3月29日—4月10日	咸若馆及抱厦进行大木剔补完成
4月12日—4月21日	咸若馆抱厦安装大木构件，铺钉椽望完成
4月12日—4月17日	咸若馆下架下竹钉、汁浆、捉缝灰完成
4月17日—4月18日	咸若馆正殿前坡椽子铺钉完成
4月19日—4月25日	咸若馆抱厦东西槛墙砌筑
4月19日—4月23日	咸若馆正殿及抱厦椽望铺钉完成
4月19日—4月22日	咸若馆下架柱子通灰、轧线完成
4月21日—4月24日	咸若馆抱厦望板实施捉缝灰、护板灰完成
4月27日—5月2日	咸若馆抱厦木装修归安完成 咸若馆正殿前后坡垫囊椽望板铺钉完成 咸若馆正殿东西博缝板垫找灰完成 咸若馆正殿及抱厦泥背完成
5月3日—5月9日	咸若馆抱厦灰背完成 支条天花除尘修补归安完成 咸若馆正殿下架使麻完成
5月10日—5月17日	咸若馆及抱厦下架地仗压麻灰完成 咸若馆及抱厦天沟铅背铺装完成
5月18日—5月23日	咸若馆擀轧青灰背完成；下架柱子糊布完成 咸若馆及抱厦天沟铅背上糊布、苫灰背，擀轧青灰背完成
5月24日—5月31日	咸若馆两山、后坡瓦瓦完成 咸若馆及抱厦天沟砌筑金刚墙完成 咸若馆正殿外檐防鸟网拆除完成
6月1日—6月6日	咸若馆罩棚拆除完成 咸若馆山花博缝磨细钻生完成
6月7日—6月13日	咸若馆屋面调脊完成
6月14日—6月21日	咸若馆屋顶瓦面验收完成

五、打牮拨正的实施过程

1.抱厦挑顶

屋面拆除：由专业工长负责将抱厦瓦面及脊兽件小心拆卸，编号落地，分别码放，挑出隐残瓦件，备用，拆除灰泥背至望板，包括天沟（图26～图28）。

图 26 揭取瓦面

图 27 拆除灰背

图 28 展现望板

椽望拆除：仔细拆除椽望，部分可用望板保留，做压飞尾横望板；飞椽大部分为一椽一尾，为近期更换，虽不符规制，仍继续使用；更换糟朽劈裂飞椽，剔补糟朽，但需保留的飞椽、檐椽及花架椽保存基本完好，拆除后保留；打牮拨正后重新铺钉（图 29、图 30）。

图 29　拆除望板

图 30　大木打号

2. 抱厦落架与木构整修

斗拱分攒、分构件编号拆卸。落地后组装单独存放，补配缺失斗耳，剔补糟朽斗拱构件，待大木打牮拨正后回装。明间后金檩轮裂劈裂严重，$\phi 335$ 毫米 × 5550 毫米，予以更换。糟朽角梁等构件按设计要求剔补，将糟朽部分全部剔除，见新木槎，按形状补干燥红松，胶黏剂为环氧树脂，粘接牢固且严丝合缝。大块剔补的用锔头钉钉牢，防止开胶脱落。糟朽严重的角梁予以更换（图31～图35）。

图 31　拆卸抱厦大木构件

图 32　拆卸抱厦角科斗拱

图 33　抱厦梁架及斗拱拆除

图 34　抱厦角梁糟朽

图 35　制作抱厦新角梁

3. 抱厦槛墙、木装修拆除与支护

抱厦井口天花及帽梁拆卸：拆卸前将天花板按明次间方向顺序编号，拆卸后保存，原制补配缺失的天花板，补配断裂的冒梁吊挂，待打牮拨正后重新安装井口天花，修补油饰彩画。

木装修拆卸：将挤压变形的木装修全部拆卸，整修后待打牮拨正后重新安装，拆除时先将抱厦抱框与隔扇之间缝隙处的油灰剔除。尽量保证扇活完整拆卸（图 36 ～图 38）。

图 36　拆卸抱厦天花

图 37　拆除抱厦槛窗

图 38　对砖块定位以便原位回安

4. 咸若馆正殿挑顶

为最大限度地减小对正殿的干扰破坏，对其屋面拆除是逐步实施的。先是拆檐步屋顶，依次清除瓦面、瓦瓦泥、灰被、泥被、望板、檐椽，并记录翔实的信息以便修订打牮拨正方案。后扩拆至中腰节。方案确定后拆卸正殿椽望，天花支条、天花板；按间编号。拆卸正殿前檐装修、槛框（梢间除外）。正殿梢间槛墙靠东西二缝檐柱部位扒柱门，范围以满足拨正柱子需要为准（图 39～图 43）。

图 39　正殿前坡拆除部分瓦面被层

图 40　正殿屋面结构

图41　正殿前坡泥背厚度

图42　拆除部分正殿前坡屋面以便深入踏勘

图43　正殿屋面拆除完成

5. 咸若馆全面支护

抱厦及正殿四周必要部位绑好迎门戗和捎门戗支顶，正殿室内搭设满堂红架木，以确保施工安全。正殿东、西二缝七架梁搭防侧移架子，七架梁下通垫两层垫木，按高度截取支顶柱3根（直径 250～300 毫米圆木），对七架梁底部支顶部位彩画进行保护（图 44～图 46）。

图 44　正殿室内起满堂红脚手架

图 45　室外打斜戗

图 46　对正殿七架梁进行加强支护

6. 打牮拨正

材料及人力准备如下：

人员：木工工长 1 名，生产经理 1 名，安全员 1 名，测量员 1 名，技术员 1 名，架子工 5 名，木工 15 名。材料：牮杆（杉木）50 根，千斤顶（10 吨）4 台，垫木枋 200 毫米 ×300 毫米 10 块，箭杆（杉木）直径 20 毫米以上 4 根，撬棍 3 把，大锤 1 把，线坠 1 个，盒尺 2 把。

（1）拨正前把所有穿插枋、额枋的肩与柱连接处的地仗砍掉，使木框架更容易拨正。

（2）将妨碍拨正的构件全部拆卸后开始打牮拨正。采用传统工艺，绑牮打缥，牮杆用圆木，上端绑在要拨正的柱头部位，下端挖坑放板，把牮杆的下端放在搓板上。

（3）打牮拨正施工顺序：

抱厦及正殿四周打野牮→拆卸影响打牮拨正的木构件、装修及槛墙→正殿七架梁支搭防侧移架子→打起正殿三架梁并支顶稳固→打起正殿五架梁并支顶稳固→正殿七架梁下通垫两层垫木→按高度截取箭柱→七架梁底支顶部位彩画保护→放千斤顶（共 2 个，每个 10 吨），并调整到位→确认所有准备工作及安全工作无误→慢打千斤顶→支顶柱底背大头楔子跟紧→仔细观察七架梁打起时的梁架变化→七架梁打起 20 毫米高（打起高度以柱子可以拨动为准，尽量降低打起高度）后停止→加固已打起的七架梁→用牮杆拨正正殿檐柱→视情况向内拨正30～50毫米（拨正距离以梢间额枋与室内毗庐帽贴拢为准）→待设计确认后，缓缓放下千斤顶→确认无误后撤去临时木柱及千斤顶→待东二缝七架梁拨正再拨正西二缝七架梁。

（4）打牮拨正的注意事项：

1）打牮拨正前清理榫卯内的杂物及尘土。

2）检查相连接构件榫卯情况，如有损坏先加固或整修。

3）梁架打起时，2个千斤顶应交替缓慢打起，架梁下落时，同样由2个千斤顶交替缓慢下落，并由木工工长及安全员随时观察其相邻构件情况，不可蛮干。

4）七架梁打起高度以柱子可拨动为准，尽量减小打起高度；梁架打起后，要及时加固，以免拨正木柱时梁架走闪。

（5）稳固、支顶、检查：

檐柱回拨结束，将牮杆后尾用木楔子锁死在搓板上，固定好，使其不能动摇。采用扎绑带和吊链将调正的大木架收紧锁死稳固住，防止有形变的大木构件反弹影响整体木构件归安。将抱厦及正殿四周支顶的牮杆后尾打入木楔子，使牮杆随大木架调整而进一步顶实，起到稳固大木架的作用。用黄泥包裹住牮杆后尾及木楔子，通过检查干的黄泥来确认大木架是否发生悠架或木构是否反弹发生变形。

各步骤如图47～图56所示。

图47　打起三架梁

图 48　打起五架梁

图 49　打起七架梁

图 50　清理卯口

图 51　戗杆顶住正殿檐柱

图 52　在搓板上撬动戗杆后尾

图 53　检测抱厦檐柱调正尺度

图 54　锁死戗杆后尾

图 55　收紧吊链、稳固调整木构架

图 56　黄泥包裹住支顶戗杆后尾及木楔子

六、木构归安与天沟修复

1. 木构归安

抱厦额枋加固，平板枋归位。下沉的额枋采用支顶长平，榫下垫硬木与口搭接严实。卯抱厦东西山面额枋与正殿前檐东西二缝檐柱用钢板、钢筋、螺栓加固牵拉，形成抱厦、正殿为结构整体；保留明间抱厦六架梁与正殿七架梁现有铁活。

回安斗拱的过程中对斗拱构件进行全面检修，修补、添配缺失的升斗。粘接、修整开裂变形的升斗；更换糟朽、变形的构件（图 57 ～图 59）。

图 57　整修归安抱厦斗拱

图 58　抱厦大木归安

图 59　抱厦木构铁活加固

　　椽、飞椽、望板均沿用手工镘头钉（图 60、图 61）。其中，横望板钉 5×5×70（毫米），飞椽尾钉 8×8×100（毫米），飞椽尾中钉 10×10×130（毫米），牢翘飞椽钉 10×10×150（毫米）。

图 60　抱厦铺钉椽子

图 61　抱厦铺钉望板

2. 天沟修复

建筑天沟部位容易造成雨水渗漏，历史上的维修记录也多次证明此处为薄弱环节，原有天沟部位为1984年维修工程时用加气砖填充后苫灰背厚达70厘米，荷载较大。为保证建筑使用寿命延长，缩短维修周期，不再采用此做法，改为在天沟部位钉制椽及望板，减轻荷载后于其上苫背并垫找天沟坡度，在新做天沟灰背之上用铅背加做一层天沟防水，铅背之上以油满糊麻布后苫30毫米青灰背一层，待灰背干燥后于其上涂刷柔性防水材料一层（图62～图67）。

图62 正殿与抱厦衔接处满铺望板

图63 天沟处铺钉架空椽子

图 64　天沟处铺钉望板

图 65　天沟处苫泥灰被

图 66　天沟处焊铅背

图 67　天沟铅背上糊苎麻布

七、咸若馆修缮前后的对比

修缮前后的对比图如图 68 ～ 图 81 所示。

图 68　南立面（修缮前）

图 69 南立面（修缮后）（吴伟摄）

图 70 东立面（修缮前）

图 71 东立面（修缮后）（吴伟摄）

图 72　西立面（修缮前）

图 73　西立面（修缮后）（吴伟摄）

图 74　西南立面（修缮前）

图 75 西南立面（修缮后）（吴伟摄）

图 76 西南翼角（修缮前）

图 77 西南翼角（修缮后）（吴伟摄）

图 78　井口天花（修缮前）

图 79　井口天花（修缮后）（吴伟摄）

图 80　台明与院落地面（修缮前）

图 81　台明与院落地面（修缮后）（吴伟摄）

八、结论

　　咸若馆的修缮工作因须对室内文物实行保护而大大增加了施工难度。设计人员以负责的态度，以文物保护优先的理念，克服困难，结合实际反复修改、论证后制定了切实可行的方案；施工人员一丝不苟，严格按照方案实施，最终取得显著效果。

　　此次修缮中，设计、施工人员将打牮拨正这项传统的修缮工艺与现代化机具设备相结合，并配以先进的文保理念，呈现出更加安全、高效的特点。中国传统修缮工艺一直是我们在文物建筑保护修缮中的依托，需要继承；随着科技的发展，人们创造出许多新的保护理念、技术、工艺、机械等。在遵循"四原"原则的前提下，将两者更好地结合起来，让古老的技术得以发扬提高，是文物保护及古建筑修缮很重要的一个发展方向。

参考文献

[1]　祁英涛.祁英涛古建论文集 [M].北京：华夏出版社，1992.

[2]　香港中文大学，第一历史档案馆.清宫内务府造办处档案总汇 [M].北京：人民出版社，2007.

以故宫体元殿为例解析北方官式建筑屋顶传统做法的防水性能

王丹毅[*]

摘　要：北京故宫是现今世界上保存最完整的古建筑群，也是我国北方地区官式建筑的典范，更是研究我国北方官式建筑传统做法的重要建筑遗存。故宫长春宫前院修缮工程（2017 年 4 月—2019 年 10 月）是长春宫一区建筑自 1909 年后进行的一次较大规模的修缮。在本次修缮中发现，故宫体元殿屋面还保持清末时期修缮的北方官式建筑屋面传统做法原状的遗迹。体元殿的屋面做法既保留了瓦面与传统灰背的防水功能，又增加铅背用以提高屋面的防水性能，对于研究北方官式建筑屋顶传统做法的防水性能是可靠的实证。本文以故宫体元殿屋面做法为主要依据，用以说明体元殿的现状残损和屋面构造，分析体元殿屋面系统的防水效果，由此判断我国北方官式建筑屋顶传统做法防水性能的优劣，在此基础上探寻提高传统做法防水性能的方法。

关键词：故宫体元殿；屋面做法；灰背；铅背；防水性能

＊故宫博物院高级工程师。

一、引言

中国以农耕文明发展延续至今，临水而居带给人们便利的同时，也存在不可避免的水患困扰，建筑也因防水需求而呈现出不同的结构类型。《孟子·滕文公下》中"下者为巢，上者为营窟"的建筑形态，逐渐发展成长江流域多水的干栏式建筑，另一种则是黄河流域的木骨泥墙房屋。防潮、防水是舒适、安全的人居环境的必要条件，我国古建筑防潮、防水的传统营造技术得到很好的传承和发展。

中国古代建筑构造具有以木结构为主、砖石结构为辅的特点，古建筑形式分类是由屋顶的木结构确定的。古建筑的屋顶正如《小雅·斯干》中诗云"如跂斯翼，如矢斯棘，如鸟斯革，如翚斯飞"，运用比喻手法写周朝宫室建筑形态之壮美，彰显我国古代宫室建筑的肃穆、灵动之美，说明古建筑屋顶造型向上、向外出檐深远的显著特征。古建筑的"大屋顶"具有很好的防排水功能，因而就屋顶的这一特征而言是无地域之分的。

北方古建筑屋顶一般由屋面层、保温层、屋架这 3 个部分组成。除上文中提到的造型与防、排水功能外，屋顶还是古建筑重要的围护结构，与柱墙体系共同作用形成古建室内空间。屋面是房屋必要的配重，也作为上层承重结构，承受自然界的雨、雪、风等荷载，同时要抵挡太阳辐射及温差对建筑空间造成的影响。

故宫是明清两朝皇宫的历史遗存，也是现今保存最完整、最大的木结构宫殿建筑群。现存的故宫历时 600 余年而保存完整，以下 3 点是故宫保存状况良好的最重要原因：一是其地处气候干燥、少雨的北方，自然环境利于以砖木结构为主的古建筑的保存；二是我国古建筑的防水性能优越；三是合理的岁修保养。土木结构的古建筑防水性能良好是古建筑保存完整的必要条件，从《奏效档》中记录的故宫宫殿建筑历年岁修保养相关内容可知，建筑残损的原因多为屋漏引起的水患，因此做好建筑防水是首要任务。古建筑本身的防水性能主要体现在屋面、墙体与台基3个部分，其中又以屋面防水最为重要。古今中外建筑屋顶防水的重要性不言而喻，本文选取故宫体元殿的屋顶为研究对象，解析该殿座屋顶瓦面及灰背的做法，对北方官式古建筑的屋顶传统做法的防水性能进行分析探究。

二、北方官式古建筑屋顶的防水功能说明

1. 北方官式古建筑屋顶的构造及功用

屋顶是古建筑最重要的建筑分部之一。北方官式古建筑屋面是屋架之上的保温层、防水层。一般情况下屋面从上到下分为瓦面、灰背（含泥背）、椽望等木构这3层构造。除此之外还有一种情况就是无瓦面的灰背顶，用于天沟等房屋衔接部位。古建筑的屋顶在结构上可以承托上部荷载，起平衡柱梁体系的作用；在使用功用上，有防水保温的作用；在外观构造上呈现出统一中有变化的特点，这种风格特点体现了中国人的建筑文化与审美取向，同时也起到区别建筑的结构类型和等级的作用。

2. 屋面的防水功能说明

（1）瓦面防水

瓦面是屋顶最上层的围护结构，其排水功能更为重要。北方官式古建筑屋面一般为上覆瓦面的坡屋面，且出檐深远，故排水距离建筑较远，更利于防潮，适宜人居。除此种屋面形式外，还有盝顶、平顶等屋面形式，这种外观看起来是平顶的屋面，在建筑的顶部也会做出缓坡、设置走水当用以排水。坡屋面这种设计源于人们对于排水的需求，在苫背、瓦瓦时候将屋面做成最利于排水的屋面曲线。这种曲线的走向即屋面的囊向，满足"上尊而宇卑，则吐水，疾而雷远"的要求。这是《周礼·冬官考工记·轮人辀人》中记载轮人制造车盖时，要求车盖上部陡峭、下部平缓，用于车厢顶部排水，古建筑屋面设计

源同此理。

北方官式古建筑瓦面通常用琉璃瓦、削割瓦、布瓦 3 种。琉璃瓦相对削割瓦、布瓦来说在紫禁城应用更为普遍。梁思成主编的《建筑设计参考图集》第六集"琉璃简说"中提及：琉璃为一种有光彩、不渗水的釉质，施于陶体而成琉璃瓦。其伸展力强，然若烧制得宜，则亦不易剥蚀或碎裂。[1] 琉璃瓦表面为一层致密的釉体，是一道天然的防水屏障，且抵抗雨水冲击能力强，吸水率低，雨水顺着瓦面自然排走。而削割瓦和布瓦的吸水率相较琉璃瓦高，但满足屋顶的防水要求。匠人们会在这两种瓦件的烧制过程中采取相应的工艺来控制其吸水率。无论采用哪种瓦件的瓦面，在外力的作用下，瓦面依旧会出现残损，防水作用降低，此时灰背层作为第二道防水屏障的作用就至关重要。

（2）灰背的防水功能

"在明、清官式建筑的屋顶做法中，灰背包括泥背的做法是整个屋顶做法中关键的一环。灰背顶可以满足举势小于'二·五'举的屋顶防水要求，并能满足屋顶水流方向发生改变时的防水要求，因此灰背做法是解决平台屋顶以及天沟等部位防水问题的主要措施。"[2] 灰背是故宫古建筑屋面背层的常规做法。古建筑屋面的第二道防水屏障就是灰背层，致密的灰背是古建筑防水的关键结构。

从 2002 年故宫大修至今，揭开瓦面修缮的故宫宫殿建筑屋顶均为灰背做法，只是在结构、材料及做法上有所区别。从揭开瓦面后灰背的状况可以看出前人对于屋顶灰背做法的重视，这也是对于屋顶防水与保温双重功能重视的体现。以下将以故宫 2002 年大修至今实际揭顶发现为例，对灰背的做法进行说明。

实例一：传统常用灰背做法（图 1）

东华门灰背原状做法是望板之上苫护板灰（保护椽望），之后苫泥背（檐头及翼角处无），再苫灰背。这是故宫内普遍存在的灰背做法。

图 1　东华门西坡灰背（摄于 2009 年东华门修缮工程）

实例二：纯白灰背做法（图 2）

太和殿灰背原状做法为苫护板灰一层，苫白麻刀灰一层（现状为两道灰）。太和殿的灰背做法并无特殊之处，只是选取的灰料不同。在太和殿灰背拆除后，在旧望板上发现一层厚度约为 1 毫米的保护层，经故宫博物院古建部专业人员取样检测后，根据检测结果判定该材料性质类似传统材料油满，这层保护应是前人为防止木望板腐烂所做的保护措施。太和殿的护板灰平均厚度 2 毫米，经分析后判定为面粉加江米汁制作而成。以上两种情况均在 2005 年太和殿修缮工程中发现。

图 2　太和殿灰背原状（摄于 2005 年太和殿修缮工程）

实例三：无泥背做法（图 3）

徽音左门灰背无泥背，仅护板灰上苫青灰背（分三道）。

图 3　徽音左门歇山灰背（摄于 2007 年慈宁宫修缮工程）

实例四：加铅背做法（图 4）

故宫中，长春宫与体元殿灰背均为泥灰背加铅背的做法。做法的具体步骤：望板之上苫护板灰，然后苫泥背，再苫青灰背（二道），灰背上满铺铅背一道，铅背上再苫青灰背。此做法是在传统泥灰背基础上在青灰背中增设铅背一道，其作用是增强屋面防水性能。

图 4　体元殿南坡铅背原状（摄于 2017 年长春宫前院修缮工程）

实例五：天沟（无瓦面灰背做法）（图 5）

体元殿与北侧添加的抱厦之间的天沟为传统泥灰背加铅背的做法。因天沟部位低于屋檐，属于房屋间隐蔽部位，为了更加便于排水，上面不做瓦面，因此灰背更易损毁。在清代，匠人们通常会在灰背中添加铅背以增强防水。本次工程拆掉首层灰背后，发现灰背中整体铺设铅背，且局部铺有两层铅背，应为历史修缮中所添加。

图 5　体元殿及后抱厦之间天沟原状（摄于 2017 年 6 月）

以上 5 个建筑实例表明，以故宫为代表的北方官式建筑灰背做法基本上以泥、灰等为主要建筑材料，分层而苫，形成一个致密结实的背层，用以保护古建筑木结构。在古建修缮中我们总会发现，灰背保存情况直接决定了建筑木构保存状况的好坏。灰背做法并无本质上的区别，只是苫背用的灰料不同，以及为增加灰背的整体性，背层之间结合方式存在不同而已。

体元殿的工程是最典型的清代晚期做法，即在传统泥灰背的基础之上，增加满铺铅背，并且在背层中发现多种用于提高灰背质量的特殊手法。体元殿灰背的状况也进一步证实灰背是古建筑屋顶防水体系中重要的一环，因此本文选取体元殿灰背作为研究对象，对于传统青灰背以及增设铅背后的灰背性能做出解析。下文将说明体元殿拆除过程中发现的屋面工艺做法以及现状保存情况，并分析体元殿屋面防水效果，旨在研究北方官式古建筑屋顶防水做法的优劣，掌握古建修缮的关键所在。

三、体元殿的屋面现状及做法说明

1. 体元殿建筑概况

　　体元殿是明清时期后妃的居所，位于故宫西六宫，长春宫以南，太极殿之北。体元殿为硬山建筑，面宽五开间，瓦顶用六样黄琉璃瓦。自故宫博物院建院以来，未发现大修过的文字记录，仅维修保养。本次长春宫前院修缮工程拆除瓦面后，体元殿和长春宫的瓦件内侧均刻有"宣统年官琉璃窑造"的铭文，分阴刻、阳刻两种（图6），由此可知体元殿所在区域在清宣统时期进行过大规模的修缮。从揭瓦后看到屋面现状存在的多种修复痕迹来判断，可知体元殿灰背基本保持原状。

图6　体元殿筒瓦内侧铭文拓片

2. 体元殿屋面的残损现状

体元殿整体屋面发生形变，正脊变形严重，垂脊下沉。屋面檐头呈曲线形，檐部整体下沉。前后坡瓦面脊部及部分中腰节部位发生整体下滑位移。屋面琉璃瓦件、脊、饰件均有不同程度的缺损，个别瓦件尺寸与殿座不匹配，瓦件、脊、饰件均脱釉达 80% 以上（图 7）。该殿座的屋面损毁较为严重，造成屋面局部渗漏，导致檐头椽望 90% 以上糟朽。

图 7　体元殿修缮前原状（摄于 2017 年 3 月）

揭开瓦面后，发现瓦瓦灰泥松动，存在不同时期进行局部修缮痕迹。拆除瓦瓦灰泥后，背面层青灰背酥碱严重，局部已经松散开裂，青灰背脊根部发生横向通裂，脊部及檐头的灰背层有修复痕迹。整体灰背松散，拣选体元殿南坡保存情况较好处开一条探沟，发现灰背下整体粘有一层麻背，且灰背上横向设置了四道木条用于固定下层铅背与灰背，麻背与灰背粘接紧密，木条糟朽断裂。揭开首层青灰背后，发现整体铺设的铅背采用小块方形铅背焊接而成。铅背发生严重锈蚀，已经糟朽，焊缝锈蚀糟朽，严重如脊部铅背发生横向通裂。将糟朽铅背除去，保存情况较好的铅背揭取保存后发现，下层青灰背保存情

况较上层完好，只有檐头灰背发生酥碱、残裂现象。图 8 ～
图 11 所示照片均摄于 2017 年 6 月体元殿修缮工程。

图 8　体元殿底瓦及瓦瓦灰泥原状

图 9　体元殿首层灰背及锈蚀铅背

图 10　体元殿灰背残损原状

图 11　体元殿麻背局部

3. 灰背详细做法说明

在 2017 年长春宫前院修缮工程中发现，长春宫、体元殿及后抱厦，以及衔接部位天沟均在传统青灰背中加铺铅背，在体元殿后檐及天沟局部发现铺有两层铅背。由现状判断可知，天沟发生渗漏后，修复的时候直接在原有铅背上叠压一层铅背，这种方法简单有效（图 12）。体元殿铅背的焊接与铺设方式与长春宫、太和门相同，是清朝末期匠人们为解决屋面防水而增加的防水层。

体元殿的灰背做法是在传统泥灰背做法中增加铺设铅背，结构从望板之上依次是捉缝灰→泥背→青灰背带浆擀轧→铅背→麻背→青灰背（两层）。

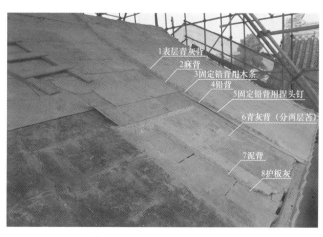

图 12　体元殿南坡灰背分层图片（摄于 2017 年 6 月）

体元殿灰背是在常用的泥灰背中加铺了一层铅背，金属材料表面光滑，为了提高传统灰背与铅背的粘接强度，前人在修缮中运用了多种防滑工艺做法。由于铅背自重大，为防止铅背开裂脱落，将铅背钉在下层灰背上，与下层青灰背再用四道纵向通长防滑木条以捏头钉固定，然后采用编织网格状麻片用油满满涂并在铅背上粘牢，用于提高铅背与上层青灰背的粘接强度。另外，由于体元殿坡长5.26米，为了提高灰背的抗滑移能力，在灰背和泥背层沿纵向通长均由脊部续了麻绳作为集料以增加灰料的结合强度（图13）。苫泥背和头两道青灰背时，用打拐子的方式增加灰背的粘接力，使分层而苫的背层之间整体性更好。正是前人运用的这些高超的传统泥灰背工艺和做法，使体元殿得以完好保存。

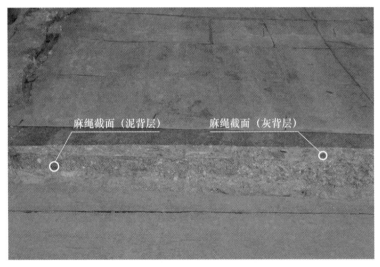

麻绳截面（泥背层）　　麻绳截面（灰背层）

图13　体元殿灰背截面中露出麻绳（摄于2017年6月体元殿）

在生产力水平较低的清末，体元殿的铅背铺设令人叹为观止。仅以体元殿南坡为例，坡面宽25米，长5.26米，横向采用16块大铅背横向铺设，分上、中、下三层，总共48块大铅背。铅背厚1.5毫米，由横竖各5块铅板（321毫米×321毫米）对接焊接，焊缝平整牢固，焊接后的铅板整体铺设在坡屋面的上腰节、中腰节和檐头，同层铅背上下搭接宽度为100毫米，搭接顺序按顺流水方向；同层纵向相邻铅背东压西，搭接宽度为 25 ~ 50 毫米。檐口铅背做卷边处理，卷边宽度为 40 ~ 70 毫米；铅背的加固方法采用木质防滑条与铁钉加固。防滑条水平连续设置（40 毫米 ×5 毫米，4 道）由脊部至檐部间距为 600 毫米、1780 毫米、900 毫米、900 毫米、970 毫米。每 5 毫米 ×5 毫米块铅板上分布 2 ~ 7 个铁钉，局部铁钉分布上下间距为 900 毫米，水平间距为 550 毫米。体元殿的屋面铅背现状测绘见图 14。以这种卓有成效的做法将体元殿及后抱厦满铺铅背，表明当时已羸弱不堪的清王朝依然保有对天子居所的重视，想必不敢扣减物力和人工。

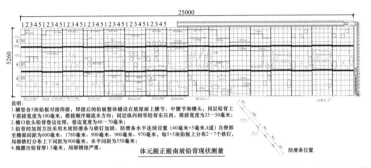

图 14　体元殿南坡铅背现状测量图（绘制于 2017 年 7 月）

建筑防水对于延长建筑的使用时间来说至关重要。体元殿灰背做法中增加了许多工艺，极大地提高了灰背层之间的粘接强度和灰背的整体性，加强了灰背的防水性能，这足以证实前人对于屋面防水的重视程度之高。

四、体元殿屋面防水效果分析

1. 体元殿屋面的防水作用分析

从体元殿的屋顶做法可以看出我国北方官式建筑的屋顶防水功能是在传统泥灰背做法的基础上有所改良，从瓦面和灰背的选材及做法要求来看，都是为加强防水而考虑设计的。

屋面瓦通常为底瓦与盖瓦形式，从琉璃瓦到青瓦屋面均具有防、排水功能，水流顺着走水当沿着屋檐通畅排走，所以瓦面的完整是保障屋面防水性能的第一条防线。

灰背层是第二道防水线。若瓦面有破损，如果降水多且急，水顺着瓦面下渗，到了灰背层，如果灰背层完好，灰背也可以吸收少量毛细水，其余无法被吸收的水则顺着灰背层由檐部排走，因此完好的灰背是可以保护屋顶木结构的。我们只要对屋面进行合理的保养维护，就可以保障建筑避免因水患而导致残损。

在体元殿的表层青灰背、铅背均失效的情况下，凭借现有发生残损的屋面结构，依然维持建筑这么多年来屹立不倒，可见我们传统的屋顶建造技术以及材料的选用对于建筑防水来说至关重要。

2. 铅背增强防水效果

铅背是清代官式建筑的防水材料，也称"锡背"，重要建筑通常会局部铺设铅背以加强防水，一般用在古建筑的脊部、角梁、天沟等防水薄弱之处。满铺铅背的做法不多见，它不仅体现建筑的重要性，更体现前人对于屋面防水的重视程度。

在故宫近20年的大修过程中，目前发现仅太和门、长春宫、体元殿3座在灰背中满铺铅背的古建筑。这3座建筑都在清晚期经历过重建或大规模修缮，而清晚期是清王朝统治逐步走向衰弱的时期，由此可见这3座建筑的地位之重要。众所周知，铅背的造价在当时是极高的，可见铅背的防水效果在当时是被充分肯定的。

经年累月之下，体元殿瓦面逐渐发生残损，维修保养不及时，室内顶棚出现雨水渗漏的情况，说明屋面的防水功能发生损坏。当我们揭开屋面瓦后看到，表层灰背已经酥碱严重，下层的铅背也发生严重腐蚀粉化现象。而铅背之下的青灰背仅檐头部分发生酥碱断裂。因此在本次长春宫前院修缮工程中，按照故宫博物院古建部设计原则，仅拆除完全丧失功能的灰背部分，可以最大限度地保留灰背的历史原状（图15）。

图 15　体元殿南坡保留的灰背原状（摄于 2017 年 9 月）

　　体元殿屋面铅背下的泥灰背得到了铅背以及表层青灰背的有效保护，在上两层背层被破坏以后，下层青灰背及泥背就发挥主要的防水作用，因此体元殿木构件除少量橡望发生糟朽外（图 16），大木结构以及室内木装修保存完好。体元殿自宣统元年（1909 年）大修至今又延续了 100 余年。这一建筑防水工程的成功案例极好地展示了我国传统瓦作防水技艺的精髓。

图 16　体元殿南坡檐头木基层原状（摄于 2017 年 7 月）

体元殿铅背是一种由铅锡合金焊接而成的背层，在屋面防水性能上，从铅背以下的灰背保存情况完好程度以及揭露的檐头望板的糟朽程度看，铅背做法确实有效加强了传统泥灰背的防水作用。但铅背由铅锡合金（含10%杂质）制成，在保护了灰背的同时，也因自身所具备的致密度高、不透气的属性，一旦发生形变容易积聚雨水，不易散发潮气，导致背层之间无法进行水分传递，又因位于隐蔽部位，得不到有效维护，久而久之铅背发生腐蚀，则防水效果减弱，对于灰背就会产生一定的破坏性。铅背一旦损毁则不易修缮。前人在旧有铅背上叠压一层铅背以修复破损的背层，我们由此就可以得知，更换残损铅背非常不方便，需要扩大修缮范围才可以。铅背是清朝末期阶段性的防水做法，在当时的时代背景下，铅背做法是在经济条件允许下的有效防水选择。应用于古建筑的防水技术随着时代变迁已经开始采用新型防水材料取代铅背，但不可否认，铅背在当时作为被认可的有效防水措施是有依据的。

五、传统灰背的防水性能及施工工艺的关系

传统灰背做法一直沿用至今，这一点更加值得我们认真思考。随着生产力水平不断提高，各种新型防水建材纷纷问世，然而我们传统的灰背做法并没有被取代，究其原因是传统灰背做法经济、高效，完全可以满足建筑防水要求。北方官式建筑普遍选用传统建筑灰料，应用传统工艺建造而成，应用之广足以证明我国北方官式建筑屋面防水体系的完备。

传统灰背的材料一般就地取材，所选用的青灰、白灰、麻刀、黄土等天然材料，经济实用，属于可再生资源。但现今社会，这些材料因为需求量小，反而不易得到，且市场供应灰料的质量不均衡。灰料制作的配比很重要，因为灰料的强度是缓慢增加的，会因用途不同所需要的软硬程度不同。因此，制作

灰料时要根据用途、材料质量等要求按照适当的配比进行，这一点就需要人为地累积经验，反复试验得到。

在故宫百年大修经验汇总中，我总结了几道施工工序中的关键要点，这些直接决定工程质量：苫泥背时，拍背很重要，一定要在泥背七八成干的时候进行，这样既能使泥背密实度高，又不会开裂或变形；苫灰背时，刷青浆和擀轧很关键，有"三浆三轧"之说，但事实是带浆压背的遍数及力度是要把灰背做到"擀光轧亮"为止。苫背完成后要进行晾背，但晾背不能暴晒，尤其是干燥的季节，必要时需要用潮湿的草帘进行苫盖养护，灰背强度在苫背后 1 ～ 3 周内缓慢提升。总体来说，在施工中严格按照修缮工艺技术要求操作，在以上关键工艺控制好质量，屋面的防水体系就能发挥最大功效。

古建瓦作技术沿用至今，在传承中又有发展。防水性能优越的传统灰背，质量好的屋面能达到很好的防水效果。但由于天然材料的防水性能会随使用年限增加而逐渐变弱，因而就需要定期检查建筑的残损情况，及时进行维修保养。唯有如此，我国的古建筑营造技术才能经久不衰。

参考文献

[1] 梁思成 . 建筑设计参考图集 [M]. 北京：中国营造学社，1936.

[2] 刘大可 . 明、清官式灰背作法 [J]. 古建园林技术，1985（2）：18-26.

北方地区传统建筑材料浅谈

崔 晨[*]

摘 要：北方地区传统建筑使用材料种类较多、样式多样，主
要包括瓦、木、石、砖、灰、油漆、颜料等，其中，
瓦、木、石、砖和灰等是传统建筑结构体系的主要材
料，用途广泛，遍布北方地区。然而，各种材料的生
产因原材料问题、生产工艺以及与环境政策矛盾等问
题已处于一个特殊时期。本文对北方地区常用的几种
传统建筑材料所面临的实际问题进行浅析，力求能够
找到传统建筑材料所面临问题的几个主要原因，提出
合理建议，寻求政策支持，采取有力措施消除此困境。
关键词：北方地区；传统建筑；材料现状；政策支持

一、北方地区传统建筑材料的主要种类

北方地区的传统建筑材料种类繁多，主要分为八个大类，
包括青砖材料、青瓦材料、琉璃材料、石质材料、灰土材料、
木质材料、油料、颜料，也就是常说的瓦、木、油、画、石、
灰，再加上砂、土等。

---

* 北京亚太建筑集团有限公司副总经理、高级工程师。

二、建筑材料现状

本文以北方地区传统建筑材料为例，介绍距今天相对近一些的朝代如元代及之后的明代、清代建筑材料的情况。

（一）砖

北京地区传统建筑用的砖、瓦和琉璃构件，使用量都比较大。先以青砖为例（图1）加以分析。

图1　青砖

青砖在北京地区有两种使用情况：一种是官式建筑、官修构筑物，如宫殿建筑、寺庙和陵寝建筑以及长城的城墙、京城和宫城的城墙等；另一种是小式建筑，如民居等。纯粹、高档的砖，基本都用于官式建筑，而且大多用于室内而非室外的地面，如金砖。现在仍然能见到金砖，制造工艺还没有完全失传，但是制造难度很大，市场价格和定额价格之间也有一些差额矛盾。目前，我国金砖唯一的生产地是苏州御窑镇。此生产地当年是由清圣祖提名；明代所用金砖，产地也是这里。为什么金砖只能用在室内？因为砖越硬，冻融性越差，受冻容易开裂；因室外环境冷热交替，砖体容易炸裂，所以金砖不宜用在室外。现在很多地方所见到的金砖，不是传统意义上的金砖，如广场等用的金砖，应该叫苏州砖。其特点仅仅是选取质地比较好的土，制作工艺繁杂，周期较长，烧好后密实度高，比较坚硬，"敲之铿锵有声"。因此，现今所使用的地面砖已很难有真正意义上的金砖。

那么，金砖制作是否可以恢复以前的工艺，体现彼时的工艺价值、恢复生产呢？这存在两个方面的问题：一是土质问题。在20世纪八九十年代，包括21世纪初期，故宫博物院曾派人去苏州做过考察，将包括御窑在内的多个厂家的砖进行对比，发现砖的质量差别很大。由于区域因素，只有御窑镇的土质适合做金砖，且御窑使用的土是长江弯道沉积下来的土，由于环境保护等原因，原来的土现在已经不能取用，因此亟须解决缺少原材料的问题。二是工艺问题。传统工艺并未完全失传，而是因太多年不怎么生产而造成工艺生疏或简化，如果用心去寻找传统工艺，还是可以找到的。2001年前后，有过一个课题——"按照传统工艺方法，烧制一批金砖"。该课题证明工艺不仅是失传的问题，而且有很多限制因素。当时，有一厂家按照传统工艺制作了土坯，过了几个月，应该到准备进窑的时候，发现砖坯都塌了，无法使用。为什么会出现这种情况呢？不是没有晾坯子，也不是环境有变化，取土过程也和之前没有差别。经分析，匠人可能是出于好意，淋土比之前更细（注：淋土是指把坯土放到水池子里，让杂质沉下来，再把水抽出去，剩下杂质，把好泥取出来）。淋得遍数太多，即过细，也不可行，破坏了土的劲道劲儿（黏性）。现在金砖的烧制更多用于演示，制作量不大，更重要的目的是不失去工艺。

过去，在北京之外还有一个出产青砖的地方——山东临清。但是在实地调研的过程中发现，山东临清的青砖如同苏州金砖一样，由多个厂家进行生产，还是遇到与金砖同样的问题——离开临清就不行了，主要是土质已不是原土。随着土质的逐渐衰落，清代后期，各种砖厂规模变得越来越小，到中华民国时期，砖厂基本都消失了，有个别还在使用的窑，只用于老百姓做普通青砖。1998年前后去临清调查，人们还能看到六七座砖窑，不过周围都是耕地，已经成为当地的一个历史遗迹。后来，政府决定重新整理传统文化的时候，再起土烧砖的厂家已经不多了。

北京地区用在民居院落里的砖，多数不是临清砖。附近的一些寺庙、城里的老四合院，基本上是北京郊区或河北一带的砖厂供砖。现在还能查到一些历史痕迹的，过去有房山、窦店等地的砖厂，现在易县、蓟州（蓟县）还有一些砖厂，变化还是很大，但在采购渠道和质量方面都存在一些问题。

环保政策对砖的生产是一个很大的影响因素，所有砖的生产都受环保政策的制约，目前可以采购砖的地方已经越来越少。21世纪初，北京地区还有几个砖场，窦店、蓟州等可以烧手工砖瓦；现在北京地区已经没有砖厂了。近几年来，北京地区用的多是河北生产的砖。

现在出现了一些新兴材料，比如水硬性石灰，据说可以用来代替灰，有质地好、坚固等优点；可以代替水泥，但是坯子烧制变色后就会有空心，空洞多的砖其质量明显不合格。有观点认为，水硬性石灰可以代替石灰被用来修缮文物建筑，这是不可行的，水硬性石灰的本质是水泥，不是灰。

现在，古建青砖的质量逐年下降，首先，原材料的质量就已经差很多，好土已经很少。其次，烧砖的工艺，有的环节变得越来越简单、粗糙。原因如下：按照传统工艺烧砖用的土，取回来之后，应隔年使用，不能当年即用。这样做一是可以紧紧土的性子，经过一年的风吹雨打，将土晾熟；二是经过一年的存放，把土中的酸碱物质去掉。而现在有很多厂家，或为了降低成本，或因为产量的不确定性，或为了增加生产效率，当年取土即用。现在经常可以见到的泛碱现象，就是因使用了当年土造成的。为了节省人工成本、进一步增效，厂家往往使用机器搅动和泥，而不是采用人工和泥来把土弄熟。为了保证砖的质量同时又提升生产效率，第一遍和泥可以使用机器，但是第二遍还是要人工来做一遍。上述做法虽然并不可取，却也有其特殊原因，就是受相关政策、造价差额、环境保护的限制。所以，需要出台相关政策支持传统建筑材料的生产，只要生产达到环保政策的要求，就应该准许生产。

还有材料价格问题，需要编制文物材料专用定额。有个前几年的案例，东北地区有个项目用砖，是河北生产的砖坯子，然后拉到山西去烧制，增加了较多的材料成本，而实际定额的价格较低，所以还是要把自己的定额制定出来，现在有的定额，还是没有脱离原来普通房屋修建的定额规律。

想要改变古建筑青砖的生产现状的困境，就要在涉及材料所有的链条上找问题，有工艺问题、有原材问题、有市场问题，也有政策问题，综合考虑，政策问题对古建筑青砖生产的影响最为重要。

（二）瓦

关于北京地区的瓦，门头沟曾经被称为北京第一瓦厂，现在的瓦厂就是以前的瓦厂过渡而来的。市场上，瓦的需求量不稳定，没法储存，用量也不是很确定，所以对瓦的生产影响较大。同时，制约材料生产的还有一些采购程序，比如资金问题，今年工程定下来，明年材料到了再开工。应该根据自己所属单位，可能有多少工程，需要多少材料，有计划之后，预期定制，才能在生产、供应链上实现顺畅对接。现在的情况是，根据项目、计划、方案，本应该是明年开工的项目，方案如果今年没有通过审批，那么开工就遥遥无期。同时工期定下后还不能往后拖，可以说瓦的情况和砖的情况相类似，但是问题可能更严重。市场上真正的手工瓦已越来越少。如今，在北京修故居、四合院等，都得去河北省找瓦，如蓟州、易县等地，这几处应该还有一些手工瓦。在临清，有些地方也烧一些瓦，包括青砖、青瓦和一些琉璃件。而工艺问题，其实很少是工艺本身的问题，大多数是其他问题引起的，例如硬件条件不支持所带来的工艺问题等。

现今市场上还有机制的砖瓦，除了观感与手工瓦件不同，还存在一些其他问题。例如：机制瓦一定是压的，不是自然成型和自然干燥的；机制瓦和手工瓦相比，容水率不一样。手工瓦有一定的空隙，吸收雨水，挥发很快；机制瓦密实，越是结实的瓦，挥发性越弱。机制瓦看起来结实，其实寿命反而更短。

手工瓦，呼吸、吸收、有柔性，寿命反而长。

（三）琉璃构件

琉璃厂（图2）提供的传统琉璃构件，主要用于宫殿、寺庙等高等级建筑。最早厂家是在北京城里，后来迁移到西山。明、清时期，皇宫曾设有琉璃局。20世纪60年代，故宫博物院管理西山琉璃厂，派驻厂长，后来故宫琉璃厂归属北京建材局。就故宫而言，早期主要使用两个琉璃厂的琉璃构件，分别是琉璃渠和海淀上庄。现在，门头沟的琉璃厂面临的也是原材料的问题及土窑变串窑；所需的煤矸土，是煤层和黄土之间的土，现在基本没有可取之处。工艺上，烧琉璃构件的质量基本可以，控制制坯、浇釉的流程成为要重点关注的环节。同瓦件一样，制坯不能用机器压。琉璃的配比，工艺不太难，和镏金的道理是一样的，瓦坯子先烧成型，再浇琉璃釉，看不出流印儿的，说明是洒上去的；有流淌印痕的，就很好，有很舒服的渐变的颜色。如果是面对现有北京地区的使用，琉璃面饰件、琉璃瓦件还都能供上。但如果只是提供文物修缮，则用量太少。2006年前后，以及再往后，很少有琉璃建筑的修缮工程，对厂家影响不小。因此能够把文物保护，变成一种常态的事情，也是一个大的课题，实现这一课题的解决，对传统建筑原材料的保证更有益处。

图2　琉璃厂

（四）木材

就木材而言，北京本地基本上没有或很少出产，所以无论是结构还是装修所用的木材，都是选用外地的（图3即为某一木材生产厂家）。名贵的木材多用在家具上，在建筑上则使用较少。建筑用材也分为名贵木材和普通木材。传统建筑中的名贵木材，多用在结构上，主要是楠木。根据史料记载，楠木的产地和来源基本上都有记载，楠木多数产自两湖（湖南、湖北）、云贵和四川地区。能够采购楠木的地方，在很多典籍上都有提到，但不详尽，而唯一有文字证明且标明产地的是湖北十堰市慈孝沟，明嘉靖年间便在此地采购楠木。在古代，能够为朝廷提供木材，是一种荣誉，为纪念此地曾经为皇家供应木材，便在开采木材区的悬崖上题下了一首诗，现在已经作为全国重点文物保护单位，对其予以保护。而这也说明，古代北京地区的建筑用材有相当一部分木材，是在那一带采购的。在传统建筑上用到的木材，杉木做檩条比较少，做椽子则比较多；之后就是普通的木材，如红松和白松等，红松大量用于梁檩，而白松大多用于装修，部分椽子构件也用白松。

图3　木材厂家

北京的官式建筑中，早些时候建筑物的主要结构构件用的是楠木，比如明十三陵，留下的老建筑使用的都是楠木。另外，楠木中实际上并没有"金丝楠木"这个种类。所谓的"金丝楠木",是楠木里面的胶质保存得比较完整,随着时间的推移产生了一些物理变化,材质变硬之后,在木材里保存了下来,因为在光照下很亮,这种木材获得了"金丝楠木"的名称。明初修建皇宫时,大木构架都用楠木,清代之后则多用松木代替。

在清康熙年间修太和殿过程中,还能够采购到楠木;之后到乾隆年间,楠木基本上就没有了,在修缮、改建建筑的时候,还拆了一些十三陵的建筑,用了一些拆换的老木构件。由此可见,当时楠木存量已经不多。红松等松木在建筑中也有使用,清代之后渐渐多了起来。而北京地区的民间建筑及小式建筑,使用的木料种类繁杂,榆木、柳木、松木、杉木等都有,使用的这些木料哪里有就去哪里采购,南方北方都有。

如今,名贵木材已经很难采购到。据说湖北慈孝沟还有100多棵楠木,已经进行保护,不再被允许砍伐,又因为气候或是其他的原因,也没有年轻的树长起来。

从中华民国时期开始,尤其是中华人民共和国成立后的三四十年时间,在北京地区,较高档的木料如红松、白松、落叶松,基本上都是大兴安岭采来的。当时无论是市场的还是自行采购的,砍伐都有计划,不能随便买卖木材。后来,原始森林里的木料已被官方禁止砍伐,只有一些边缘地带,靠近原始森林可能还有一些非正常采伐的木材。20世纪80年代末,据了解,故宫博物院曾到大兴安岭采购木材,由此也可证明,当时就已经很难买到木材。

现在市场上到处可见的红松,大多产自俄罗斯和美国,曾经的国营东郊木材市场是主要的木材采购地。改革开放之后,东郊木材市场便解散。这个时期,在北京的众多福建打工者,在木材市场打开后纷纷投入这个行业。但是,木材并不是来自福建,而依然来自东北大兴安岭等地区。

在北京,现在买普通木料可以去北京周边的木材市场,在原东郊木材市场那个地方也还能买到。但特殊木材、需求量较大的木材,如通天柱、大梁等,则要去更远的地方采购。例如,之前故宫的一项维修工程中需要更换 14 米长的通天柱，直径 80 厘米，所需要的木料在北方市场找不到，最后到江苏张家港的一个木料市场才采购到。如果原材质确实采购不到，可以用材质相接近的木材来代替。

从文物保护维修的"四原"原则（原形制、原结构、原材料、原工艺）来看，在原材料这方面，想要完全做到，就有些勉强了。清代的建筑还好一些，毕竟以红松为主，现在也还有红松。但是，如果要修明代的建筑，所需要的构件基本都是楠木，而现在已经无法找到楠木，即已经没有原材料了。即便是红松，等级为一级的红松在国内已经很难找到。因此以后的文物修缮，能保证原材质就已经很不错，毕竟现在都很难确保使用原材料。所以，可能要在保护原则方法的表达上做一些变化，比如说采用原材质等。木材的原材料难以实现，与砖、瓦、琉璃的情况有所不同，和环保政策的影响关系并不大，纯粹是时代变化造成的。比如名贵木材包括楠木等，随着时代的变化，已经变少了。现在的修缮工程中采用一级红松、特等红松等已经远远达不到以前的要求。传统建筑要求的，就应该是东北红松，而现在所用的大部分木材，已非产自我国的东北地区。

现在的木材质量相比之前也存在差异，例如，对比美国松和国内红松，区别就是，美国松纤维粗，成型年代短；国内的木材，成型年代长，质量好；至于俄罗斯松，由于俄罗斯国内建设项目少、国土面积大，木材保存很多，因此俄罗斯松比美国松质量更好，根据现在木材检测的标准，都可以在软硬度、疤结、裂纹等方面达到要求。由于没有人检测过已经建起来的官式建筑的木材质量，从民用角度说，质量还是可以过关的。

如今，部分古建筑材料如木材、青砖、青瓦、石材等已经有一个质量行业标准，而土、灰、砂、油料则没有标准。但是没有办法只把已经成型的材料，搬下来做检测，那样一是会破坏原有建筑，拿不下来；二是没有代表性。所以，检测标准的指标，还是参照普通建筑材料。

另外，修缮工程要尽可能保留、修整、使用原木构件。在这方面，也同样存在价格问题。文物建筑的定额应该与普通房屋修缮不一样，最重要的是需要计算工程量，比如，修一根椽子，根据定额计算，修 10 根的花费为 15 元，而新换一根椽子的价格是 100 元左右。因此，实际修缮费用与定额的价格存在很大差异，要达到尽量修文物的构件，需要有专业的定额来做支撑。

（五）油饰彩画

油料分为地仗和面饰两种。实力较强的专业队伍，地仗材料等都是自己做的，而实力薄弱的队伍则买现成的灰料、油料。

桐油主要来源于南方，以四川为主，是从桐树种子中榨取出的工业用植物油，四川广元一带都可以用到。南方的建筑也刷桐油，只是做最后保护层用。北方建筑用的油料都是熟桐油勾兑出来的；南方则较多用生桐油。

彩画颜料（图 4），改革开放初期至 2000 年前后，古建筑修缮几次试图恢复使用矿物质颜料，但因为矿石本身不是特别充足，只有云南、西藏矿物质颜料多，但如砗磲等材料现在已经变成名贵石料而无法用于修缮工程。云南有矿物颜料，人们也曾想过调出来用，但是矿物质颜料要经过一定温度，让里面的料发酵，有黏性才行，温度既不能高也不能低。矿物质颜料可以用来作画，但是用在建筑上，这种工艺在一定程度上已经失传了。乾隆时期，人们就开始用化工颜料了，比如石青、巴黎绿等。现在只有唐卡所用颜料还完全是矿物质的。

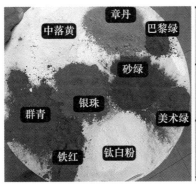

图 4　彩画颜料

油饰用得比较多的材料还有麻和布。现在还可以在南方找到合格的手工艺的麻——苎麻，人们较多在安徽采购麻和布。

制备血料用的砖灰，往往采用旧砖灰。为什么不能用新砖灰呢？因为新砖灰土性比较大。相较于新砖，旧砖早已经物化且土性很小，而且新砖灰的黏稠度不高，老砖灰的黏稠度才合格。

猪血有黏性、药性且防虫等。有的工艺中，若采购不到猪血，也会用一些血粉，但是黏稠度就不是很理想。使用血粉，用勺子舀一勺就能看出来质量是否合格，但如果和上桐油，有的就看不出来了。

（六）石材

目前，原材料来源保证比较好的是石材。北京地区目前有两个石材厂，一个是房山大石窝，另一个是门头沟的小青石厂。很多古建筑使用的石材都是这些地方的石材。如果厂子还能正常运营，北京地区沿用传统的石材，是没有问题的。但目前受到环保政策的影响，希望可以一边开采，一边做好环境保护，延长厂家生命力。北京以外的地区，很多都使用这两个地方产的青白石。因受环保政策影响，大石窝和小青石厂也面临减产、关停的现实情况。图5即为某石材厂家。

图5　某石材厂家

（七）白灰、砂

对于白灰，最早以前，在大望路和东岙村有生产厂家，现在已经不存在了。在平谷、三河、门头沟等地的石灰厂，主供北京地区所用石灰，但也逐渐被关停，门头沟现存的最后一个白灰厂也因环保要求被封。现在在河北易县附近还有一些相关的厂家采取环保措施后能够勉强生产，以后北京地区传统建筑的维修用白灰只能到河北寻找了。图6为某白灰厂家。

图6　某白灰厂家

石灰可按应用部位的不同选择不同的品质。根据钙、镁含量，用于外面抹灰则含镁多比较好，用于墙体里面的、用作灰浆、灰土的石灰则含钙多比较好。根据分析，京东地区的石灰含镁量大，京西地区的含钙量大。另外要注意的是，不能使用石灰粉，里面镁、钙含量低，容易爆裂，产生质量问题。

对于砂，不能使用海砂，只能使用河砂。北京地区，以前只有永定河可以采砂，但现在也不允许开采。古建上，砂用在砌筑夯土、灌浆里，作为集料用；用于砂灰，白灰和砂子成浆抹墙、勾虎皮墙；用于基础的时候，灌浆里要用砂子；做砖瓦活时，也离不开砂子，用来隔离；古建筑对砂的使用量不是太大，在民用建筑中应用得更多一些。另外，砂的含土量越低越好，并且用黄砂比白砂好，因为黄砂接近石材，白砂更接近土；还要对粒径等注意控制，不宜过大。砂子方面没有更多质量要求，只要尽量用黄砂和金砂即可。

三、总体小结

若回到计划经济时期，已经不太可能进行文物维护，毕竟历史是无法倒退的，也很难重复。按照工程管理的道理，各种材料应当事先做好准备，但是考虑到成本问题，已经很难做到。

由上述传统建筑材料的现状可知，北京地区传统建筑材料除了油饰、彩画用料外，其他材料均面临各种生产问题，尤其是涉及古建筑结构的瓦、木、砖、石、灰等建筑材料，面临的困境更加严峻。

目前，传统建筑材料的生产和制作正在面临前所未有的困难和考验。原材料的缺失或质量消退、生产工艺的流失或者简化，对传统建筑材料在生产源头上带来很大影响。而实际价格与定额价格的价差，也迫使施工企业在采购材料时承受巨大压力，也迫使生产厂家不得不简化生产工艺、提升生产效率，以便通过优惠价格提升市场占有率。对于传统材料的生产影响最大的还是环保政策的相关要求，比如，传统材料的砖、瓦、琉璃构件、石灰等均需要采取高温烧制，这势必产生大量烟尘，与环保政策的要求不相符。这导致一大批砖瓦、石灰的生产厂家被迫倒闭，少数厂家迁址到距离北京更远的山西、内蒙古等地，但仍顶着巨大的环保压力，随时面临关停的处境。

若想改变传统建筑材料的现状，需要由国家文物主管部门甚至更高的职能部门对行业现状进行干预，结合市场实际与各相关部门进行协调，为传统建筑行业争取到更多的政策支持，寻求到既能满足环保要求又能让传统材料生产厂家恢复生产的途径。同时，相关部门能够列出一部分专项资金，用于扶持符合环保要求并有生产能力的厂家，使其能够寻求更好的原材料、更加严格地执行传统生产工艺，在不过度增加生产成本的前提下提升传统建筑材料的质量，进而确保文物建筑维修的有序进行。

毓庆宫建筑重层彩画的分析研究

陈百发* 蒋建荣**

摘 要：本研究利用三维视频显微（3D Video Microscope）、扫描电子显微镜与能谱仪（SEM-EDS）分析技术，对来自毓庆宫建筑群的重层彩画样品进行了首次系统的分析。分析结果显示，这批彩画重绘次数至少达两次，也因此证明这些彩画所在建筑至少经过两次维修；彩画所用颜料分别为：蓝色群青，绿色巴黎绿与氯铜矿，红色土红＋朱砂和铅丹＋朱砂。本研究有助于我们窥探彩画所在建筑的修缮史，了解不同时期古建油饰彩画的制作工艺、材料甚至人们的审美情趣，同时为后期的彩画保护、修缮工作提供了可靠的信息和科学依据，为研究如何增加彩画耐久性提供一种新的思路。

关键词：毓庆宫；重层彩画；扫描电子显微镜与能谱仪；三维视频显微

---

* 故宫博物院工程师。
* * 北京第二外国语学院基础科学部博士。

一、引言

毓庆宫位于紫禁城内廷东路，西邻斋宫，东依奉先殿，为北方传统四边形院落组成的建筑群，始建于康熙十八年（1679年），起初是因为清圣祖认为皇太子允礽（1674—1724年）应开蒙读书，但是还没有一个正式的太子宫，于是将原明代的神霄殿改建为允礽居住的太子宫，始称毓庆宫[1]。毓庆宫的建筑格局沿袭明代太子宫之制，但建筑规模超出前代。初建时平面布局较为简单，院子不大，房子也比较小。之所以称为"小迷宫"，是因为其建筑格局是经乾隆、嘉庆年间多次改建及添建而形成的，由四进院落组成：惇本殿、毓庆宫、继德堂及后罩房（传统四合院建筑中，位于正房之后，与正房平行的一排房屋）。[2-3]今天所见中殿与后殿连成工字殿，同时采用勾连搭的方式借用东值房部分空间，借用木隔断、隔扇等内部装修，使工字平面形成错综复杂的空间关系。室内装修极为考究，从完全封闭的空间分割为完全通透的各种不同的小空间，踏入其中，人们会被美轮美奂的装修所吸引，同时被其灵活巧妙、变幻莫测的布局所折服，人不知不觉间有一种身在室内却曲径通幽的错觉[4-6]。

清高宗于 12 ~ 17 岁在此宫居住。清仁宗 5 岁时曾和他的兄弟、子侄等人生活于此，后来迁往撷芳殿居住。同治、光绪时期，此宫一直作为皇帝读书处使用，清德宗也曾在此居住。今日所见的毓庆宫是延续了乾隆六十年（1795 年）改建后的院落格局。毓庆宫是为太子生活起居、学习所修建而成，随着宫廷制度的不断完善和立储制度的变化，在不同时期有着不同的等级。毓庆宫的几经修建与清代立储关系、居住者在宫中的历史地位及宫廷的经济状况是紧密相关的。同时它也是清王朝历史的一个缩影[1]，具有很高的研究价值。

作为建筑文化产物的古建彩画，在我国古建装饰艺术中占据重要位置，同时也是古建筑的重要组成部分之一，其绚烂的色彩、不拘一格的图案也使木构建筑熠熠生辉。彩画病害通常是指彩画材料与其所在环境共同作用而发生老化变质的结果。保存环境对彩画的影响主要包括温度、湿度、光辐射、空气环境以及微生物等几个方面。首先，北京的气候属于典型的暖温带半湿润大陆性季风气候，夏季高温多雨，到了冬季却寒冷干燥，春季、秋季时间短。空气中含水率的变化影响地仗中水分子的含量，在冻融循环中降低其耐久性。另外大气中存在大量的灰尘，它们具有相当活泼的物理、化学特性。灰尘的堆积造成画面纹样模糊，在温湿度适宜的条件下还会在彩画表面发生霉变，导致画面黑化变色等。

由于古建彩画材料和工艺的特殊性，外檐彩画极易受到风吹日晒、温湿度不稳定等因素的影响。长时间暴露在这种不稳定的环境下，表层彩画会逐渐变色、褪色、起翘甚至脱落，因此经常需要重新绘彩。在进行重新绘彩时可能会使彩画结构、所用颜料、图案等发生一定的变化，所以通过对重层彩画进行观察检测分析，不仅方便我们窥探这些彩画所在建筑的修缮史，而且可以了解不同时期古建油饰彩画的制作工艺、制作材料，甚至人们的审美情趣[7]。重层彩画的发现也打开了彩画耐久性研究的思路。在外部物理方式保护与科技型保护的比较中，很难找到一种材料既能满足可逆性，又能满足耐久性。目前业内也没有发现既能保证自身的稳定性，又能保护清理彩画浮尘及修复的材料。而对于彩画本身材质的研究与梳理，特别是对于重层彩画这种情况的研究还处于起步阶段，若能从成分分析中找到材料配比，在改善地仗及彩画耐久性方面将提供新思路。此外，在彩画修缮的前期勘察中有必要包括前期研究、数字化采集报告和分析检测报告等，以便对彩画的原真性有更清晰的认识。

目前对于彩绘类文物的研究较多，大多分散在不同的研究方向，有保护修复方面的研究[8-9]，有对制作工艺及颜料[10, 11-13]、胶结材料[14-17]的研究，而且这些方面的研究成果已相当丰富，而对于重层彩绘的系统研究很少。为了了解毓庆宫重层彩画样品的结构，对重层彩画样品各颜料层进行准确的分析测试，从而窥探重层彩画样品在不同时期的制作工艺及材料之间的差异，同时对彩画所在建筑的修缮史提供一定的依据。此外，对后期进一步的修缮材料与工艺要求以及保护措施提供参考资料和依据。视频显微镜、扫描电镜、X荧光光谱分析等技术方法，作为最普遍与成熟的常规检测方法，与其他方法相结合，可以很好地被应用于了解纵深和成分两个维度的信息。本研究利用扫描电子显微镜与能谱仪（SEM-EDS）及三维视频显微（3D Video Microscope）分析技术，对来自毓庆宫的8个重层彩画样品进行了首次系统的检测分析。样品全部取自彩画破损的边缘或不重要部位，彩画颜色主要有金色、蓝色、绿色、红色等。分析目的是确定各种颜料的显色成分、地仗材料，据此研究绘画所用颜料、胶结材料、技法、工艺、画层结构等。

二、试验研究

（一）样品描述

试验样品主要来源于故宫毓庆宫不同建筑的不同部位，一共采集了8个不同样品。编号分别为HZDY、DBTL、HZJZ、YQGB、YQTL、YQTF、HZJL，其中后罩房西山面上金檩（HZJL），取了两个样品，编号分别为HZJL-1、HZJL-2，见表1。

表1　毓庆宫样品采集部位

后罩房前檐东次间檐檩：HZDY	惇本殿前檐挑檐檩（西南角）：DBTL	后罩房西山面下金柱：HZJZ

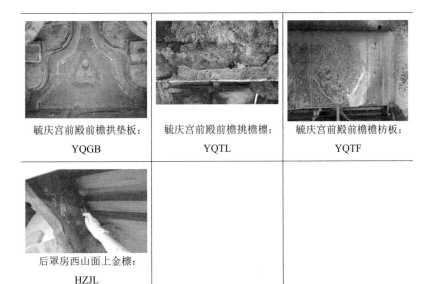

毓庆宫前殿前檐拱垫板： YQGB	毓庆宫前殿前檐挑檐檩： YQTL	毓庆宫前殿前檐檐枋板： YQTF
后罩房西山面上金檩： HZJL		

（二）分析仪器及条件

1. 制样设备

制样设备有 YM-2 金相试样预磨机、PG-1 金相试样抛光机（上海金相机械设备有限公司）。

2. 分析仪器和条件

（1）样品显微形貌、剖面观察

HX-900 型超景深三维视频显微镜（日本大阪 KEYENCE/基恩士公司），镜头为 VH-Z20R，照明方式为内置光源垂直照明，景深为 0.44 ~ 34 毫米，工作距离为 25.5 厘米，放大倍数为 20 ~ 200 倍。

（2）颜料成分分析

1）SEM-EDS 分析：

分析仪器：COXEM EM-30 扫描电镜，加速电压为 20 千伏，电子束约为 50 微安，工作距离为 12 厘米；BRUKER 的电制冷能谱，工作距离也为 12 厘米。

2）样品制备：

首先用手术刀小心切取彩画样品，样品一般取一角或一块，以保证彩画的完整性，尽可能保证所切取部位包含较多的信息，用最小的样品呈现其最大的特点，之后将切取的样品置于树脂中包埋制成截面样品，打磨抛光。依次用 600CW、800CW、1000CW、1500CW 和 2000CW 的砂纸，在金相试样预磨机上进行打磨，直至样品剖面完全暴露于空气中，且保证其表面平整、光滑为佳，最后经过金相抛光机进行抛光处理。

三、试验结果

（一）彩画样品剖面结构及制作工艺分析研究

对彩画使用材料进行分析，可以更清晰地了解长廊彩画的制作工艺和使用材料。解析检测结果，从彩画的组成成分来判定，更科学地推断彩画的绘制年代，挖掘几次修缮中彩画的工艺、材料使用上的异同，对彩画保存价值的评估提供依据。对样品进行科学分析，基本查明彩画主要使用的颜料和地仗材料的成分。了解这些有重层颜料彩画样品的结构，方便我们对重层彩画各颜料层进行更为准确的检测分析，同时有助于了解这些彩画所在建筑的修缮史[4]。

借助三维视频显微镜对彩画样品剖面的结构进行观察，可以观察到地仗的组成结构、地仗砖灰层内材料颗粒的大小、地仗层的厚度、彩画颜料层重绘与否、每一层的颜色以及各颜料层的厚度等信息。因此，本试验在未分析前采用三维视频显微镜对样品的剖面结构进行拍照，观察整体形貌，结果如图1～图8所示。

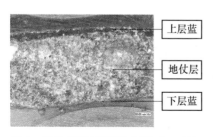

图 1 样品 HZDY 剖面结构图（150 倍）

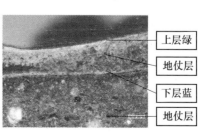

图 2 样品 DBTL 剖面结构图（150 倍）

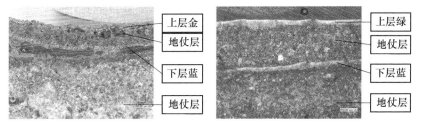

图 3　样品 HZJZ 剖面结构图（150 倍）图 4　样品 HZJL-1 剖面结构图（100 倍）

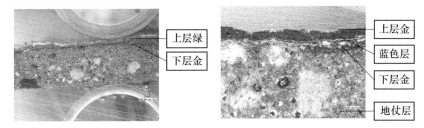

图 5　样品 YQGB 剖面结构图（50 倍）图 6　样品 YQTL 剖面结构图（200 倍）

图 7　样品 YQTF 剖面结构图（200 倍）图 8　样品 HZJL-2 剖面结构图（50 倍）

　　从彩画剖面结构图可以看出，这部分彩画地仗层质地较坚硬，且无麻，使用了单披灰制作工艺。这些重层彩画分为两种类型：一种是在旧颜料层上直接涂刷另一层颜料，且彩画颜色、工艺发生了变化，如样品 HZJL-2、YQTF 上层彩画均使用了沥粉贴金工艺，样品 YQGB 下层彩画为一层薄薄的金色，上层为绿色，样品 YQTL 第一层和第三层也为薄薄的金色层，中间为蓝色；另一种是先在旧颜料层上做一层地仗之后在其上绘彩，且重绘时，基本保持原色，如样品 HZDY、DBTL、HZJZ、HZJL-1。

　　由此可以看出，这批彩画重绘次数至少达两次，证明这批彩画所在建筑至少经过两次维修。在重绘时，人们直接在原有地仗基础上重新绘制或者重做地仗再进行绘彩。而至于为什么部分重绘不把原有地仗层去掉重做地仗，还有待以后对其进行深入的研究。但是，多层彩画的出现必然在其原彩画基底保持较好的前提下，而基底保存情况较好的原因可能是前后绘制时间相差较短或修缮时所处理地仗层较坚硬、牢固；若是后者，可以为研究地仗耐久性成分提供基础资料。

（二）颜料成分分析

扫描电镜观察可以放大极高倍数，进而可以对多层彩绘的细节进行细致观察。通过体视显微镜照片与扫描电镜图像相互对照，有助于更好地对油饰彩画各层进行观察分析。

由于多层彩绘样品下层颜料不能刮取，因此可以采用扫描电镜能谱进行分析。扫描电镜能谱（SEM-EDS）除了可以分析彩画颜料的成分，还可以直接对彩画样品剖面结构进行观察，观察地仗的结构组成、彩画颜料层是否重绘、每一层的颜色等信息。同时样品制备简单，测试周期也短。

本试验视样品材质情况对样品进行喷金或者喷碳后，直接在扫描电镜下进行观察。样品的扫描电镜背散射照片如图9～图16所示。

图 9　样品 HZDY 背散射照片

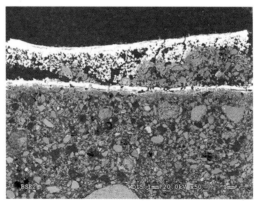

图 10　样品 DBTL 背散射照片

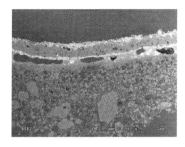 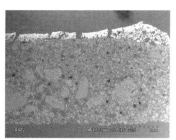

图 11　样品 HZJZ 背散射照片　　图 12　样品 YQGB 背散射照片

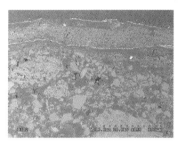 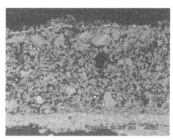

图 13　样品 YQTL 背散射照片　　图 14　样品 YQTF 背散射照片

图 15　样品 HZJL-1 背散射照片　　图 16　样品 HZJL-2 背散射照片

根据三维视频显微镜观察到的样品分层情况，在扫描电镜下对样品各颜料层逐层分析，其结果见表 2。

表 2　毓庆宫彩画样品能谱分析结果

样品	主要元素		可能矿物成分
地仗层	Al、Si、Ca、Fe、K、Na、Mg		黏土类物质
HZDY	上层蓝：Na、Al、Si、S、K、Ca、Cl		群青
	下层蓝：Na、Al、Si、S、Cl、Ca		群青
DBTL	上层绿：Cu、As、Pb		巴黎绿
	下层绿：Cu、Cl、As、Ca、Pb		氯铜矿
HZJZ	上层红：Si、S、Cl、Ca、Fe、Hg		土红 + 朱砂
	下层红：Ca、Pb、Hg、S		铅丹 + 朱砂

续表

样品	主要元素	可能矿物成分
HZJL-1	上层绿：Cu、As、Pb	巴黎绿
	下层绿：Mg、Al、Cl、Cu	氯铜矿
YQGB	上层绿：As、Cu、Pb	巴黎绿
	下层金：As、Si、Ag、Ca、Au	金箔
YQTL	上层金：Al、Si、Ag、Ca、Au	金箔
	中层蓝：Na、Al、Si、S、K、Ca	群青
	下层金：Si、Ag、Al、Ca、Si、Na、Mg、Au	金箔
YQTF	上层金：Al、Si、Ag、Ca、Au	金箔
	下层绿：Na、Al、Si、S、K、Ca、Cl	氯铜矿
HZJL-2	上层金：As、Si、Ag、Ca、Pb、Au	金箔
	下层绿：As、Cu、Pb	巴黎绿

样品 HZDY 上下两层均为蓝色，检测结果相同，所含的主要元素为 Na、Al、Si、S、Ca、Pb 等，推测该蓝色颜料为群青。样品 DBTL 上下两层均为绿色，上层主要元素为 Cu、As、Pb，表明该颜料为巴黎绿；下层主要元素为 Cu、Cl、Pb，含有少量的 As、Ca，从其剖面图可以看出，上层的颜料有渗透到下层的现象，所以该层少量 As 元素的检出，应为上层颜料中的 As 所致，因此下层绿色颜料应为氯铜矿。样品 HZJZ 为两层红色的样品，上层红色的样品中含有大量的 S、Hg 元素，局部含有少量 Si、Cl、Ca、Fe 元素；下层主要含有 Hg、Pb 元素，也含有少量 Ca、S，猜测红色颜料的原始制作材料以朱砂和铅丹为主，大多部分是两者混合使用，可能是使用铅丹打底，朱砂作为重彩（Hg 含量较高），这种做法可增加艺术表现效果。样品 HZJL-1 与 DBTL 分析结果一样。样品 YQGB 上层绿色为巴黎绿；下层金色的主要元素为 Au，应为金箔。样品 YQTL 上、下层金色也为金箔；中层蓝色，检测结果为群青。样品 YQTF 与 HZJL-2 上层检测结果也为金箔，YQTF 下层蓝色为氯铜矿，HZJL-2 下层绿色为巴黎绿。样品中大量 Pb 的检出表明可能使用铅白调和其他颜料。

根据试验数据推测出来的技法可对修缮工艺的要求提供依据，在修缮前期准备阶段，可由此技法对部分彩画进行试验，通过试验结果的比对来验证所推测技法的准确性。

（三）彩画胶结材料分析

中国绘画中最常用的粘接材料为明胶、桃胶。明胶是以动物的皮、骨等为原料提取的胶原蛋白精制而成的，而桃胶为蔷薇科植物桃或山桃等树皮中分泌出来的树脂。明胶作为古建筑彩画颜料的原粘接材料，使用最多。彩画、壁画颜料层保护中常用的现代加固材料有 AC33 丙烯酸乳液和改性丙烯酸乳液、聚乙酸乙烯乳液。

对彩画地仗剖面结构的观察分析发现，这批重层彩画地仗紧密、坚硬，具有一定强度和硬度，加入了胶结材料的可能性较大。本研究作者之一采用热裂解气相色谱质谱（Py-GC-MS）及傅里叶红外光谱仪（FTIR）分析技术对这些彩画颜料层及地仗层所用胶结材料进行了检测分析，分析结果显示毓庆宫的 4 组建筑所用胶结材料均不相同，在地仗层和彩画层中分别发现桐油、蛋白质类胶合物、淀粉类物质和松香树脂。但是地仗的制作材料中包含"血料"，即经过熟石灰水发酵的猪血，故所检测发现的蛋白质类胶合物是否为明胶还有待进一步研究。

四、讨论及结论

用视频显微镜、扫描电镜、X 荧光光谱分析等技术方法，对彩画、壁画、石窟寺彩绘材料构成、所做断面层结构的剖面观察与认知，是目前普遍与成熟的常规检测方法。古建筑修缮设计应建立在充分的前期勘察基础上。科技的引入可以帮助设计人员更加准确地判别古建筑彩画的价值核心，从而进行有针对性的研究分析。只有基于上述工作，文物建筑的原真性才可能更加完整地保存下来。但由于近年来所做的基础数据分析未有相关部门收集整理，检测数据存在零星分散、一存了之的情况。在这种环境下，标本库的建立仍然任重而道远。缺少可以作为比对的基本数据（标本）库，加之实物的残留量也是一个制约因素，就难以使检测到的成分与历史时期的材料进行测试比对。本试验也仅针对毓庆宫所修缮部分建筑梳理数据，以便于查阅研究。

近些年来，彩画修缮的前期试验已经成为修缮措施的基础，基于前期试验结果，比对分析效果后，才能决定是否进行修缮，修缮后的视觉效果图与修缮措施的可逆性与否都决定了彩画修缮的最终去向。若效果不明显或者产生负面影响将暂停彩画修缮项目。而彩画病害的个体差异性及复杂程度往往导致彩画修缮不能一概而论，局部修缮、除尘、除霉等修缮措施也需要因地制宜，由技术人员进行专业提取分析，再研究修缮方法。由成分分析所推测的工艺技法及修缮措施在修缮过程中进行试验验证，也可以尽可能还原原工艺。

本研究以毓庆宫重层彩画为研究对象，首先采用三维视频显微镜（3D Video Microscope）对样品剖面进行观察，再利用扫描电子显微镜与能谱仪（SEM-EDS）分析方法对各层颜料进行分析，得到了较为理想的分析结果。分析结果显示，毓庆宫重层彩画地仗层使用了单披灰制作工艺。彩画重绘时分为两种类型：一种是在旧颜料层上直接涂刷另一层颜料，且彩画颜色、工艺发生了变化，推断出彩绘图案也发生了变化，而彩画图案通常是一个时代的特征；另一种是先在旧颜料层上做一层地仗再在其上绘彩，且重绘时，基本保持原色。彩画所用颜料分别为：蓝色群青，绿色巴黎绿与氯铜矿，红色土红＋朱砂和铅丹＋朱砂。研究表明，SEM-EDX 可以很好地解决重层彩画难取样、分析难等问题，为重层彩画的分析研究提供了较为科学、合理的分析方法。

由研究可知，这批彩画重绘次数至少达到两次，证明这批彩画所在建筑至少经过两次修缮；推测可知，用新彩画绘制时，因为旧彩画的地仗与木基层结合较牢固，可以支撑彩画的再次绘制，所以旧彩画得以保留。因此，呈现的结果是直接以原有地仗为基础，在其上重新绘制或者在原有地仗上新做一层地仗再进行彩绘。

外檐油饰彩画的根本作用是保护木构件。随着时间的推移，材料自身的老化将不能保障木构件的安全，此时一般情况选择重做彩画以保护木构件。基于此目的，重层彩画的出现就很突兀。在紫禁城内，毓庆宫建筑群规模中规中矩，但自建成后，在使用功能上一直占有比较重要的地位。因此，在此建筑群出现重层彩画是一件很值得推敲的事情。科技的进步及技术的创新，为相关研究提供了一些新方法、新思路，将模糊的状态数字化、标准化，而这些也为后期的修缮提供了相关依据。这是研究性修缮的探索，保护性修缮的进步。而研究最根本的目的是分析人在其中的作用，对工匠内心的探索。重层彩画出现的具体原因需要对更多的材料进行分析，是为了降低时间成本、预算，还是工匠自身为了减少劳动量而简化工序，还有待更多的线索来考证。

彩画在自然环境中也面临老化和病害的侵蚀。一方面是受到自然环境的影响，阳面一侧（面朝南侧）较背面（面朝北侧）彩画普遍呈现颜色褪色、色彩暗淡的问题，外檐损害最为严重。在制作材料的自然老化及自然环境的影响下，彩画出现了大面积脱落，颜料也受到各种污染。另一方面，历史上数次修缮时，画风和材料也有所不同，彩画病害不断发展，造成彩画地仗脆弱，少部分纹样模糊不清。日趋严重的文物建筑下架油饰，相较于彩画部分获得了更多的修缮机会，但是每次下架油饰进行修缮时，彩画修缮与否都是一个问题。

彩画保护的重点、难点：一方面是关于具体修缮过程的文献记载过少；另一方面是材料有所改变，传统矿物颜料的稀缺和昂贵的价格、化工原料的普及和相对低廉的价格，对于彩画修缮都是巨大的冲击。在修缮过程中，重层彩画、保留地仗后重绘彩画及局部修补的情况是普遍存在的。这种情况的出现是多方面因素造成的，但是终究是在其本体残损轻微或者较轻的情况下才可以实施，只有将基础打好，才能在其上进行绘画创作。优良的工艺配合传统材料，让彩画的耐久性尽可能延长，即使不再金碧辉煌，透过沥粉线条也可以感受到绘制之初色彩的艳丽及场面的宏大。但是现阶段的修缮更多地被现有材料所束缚，价格的比较让文物建筑修缮成为一种性价比修缮，更有甚者成为一种以次充好的敷衍。外檐彩画由于阳光直射与温度的影响，造成其耐久性的下降，令彩画形成岁月的流逝与沧桑感，修缮与否成为一个激烈讨论的问题。美的呈现方式多种多样，但是外檐彩画的病害依然在日益发展，寻找一种可逆性的修缮材料已然成为彩画保护修缮的关键因素。

近年来，伴随化工原料的不断出现，彩画修复的过程中，施工人员更多摒弃使用价格昂贵并且工序复杂的传统矿物颜料，转而使用化工原料替代。有机颜料易老化变质，并且耐光性差、坚牢度低，古建油饰彩画每隔一段时间就需要重新进行绘彩。因此，如果检测出古建彩画中含有机颜料，即可判定其于近代进行过修缮。一般情况下，不同时期彩绘颜色的不同也可以推断出彩绘图案同时发生改变，而图案通常代表的是一个时代的特征。重层彩画的出现有一定的偶然性，但是其出现在官式建筑中，而且是较重要的毓庆宫中，其产生原因便有待于研究。不同于整体重做，部分重做的彩画必然有其事件性或时代特殊性。重层彩画的出现，使古建筑彩画不仅起到保护和装饰木构件的作用，还成为一种记录性的存在，其中蕴藏的信息需要不断地发掘研究，而其产生的根本原因还需要结合文献去深入探究。

对于彩画修缮，我们要以"大胆探索，小心求证"的策略来对待，面临匠人们艺术灵感的缺失和工艺技法的退步，彩画修缮成为古建筑修缮的难题。新兴科学技术的运用对于彩画的研究将成为常态，前期勘察研究及前期试验成为彩画修缮的前期必备工作。重层彩画产生的原因，特别是其地仗的材料组成及工艺做法，对于古建筑油饰修缮将起到借鉴作用。只有质地坚硬、结合性好的地仗才不会被砍掉，从而成为新地仗的基础，明晰其材料成分后可以对该区域地仗修缮工程所使用的材料成分比例进行细微调整，通过前期试验的验证，确定是否可增加其耐久性。这可能从根本的材料组成上改变现阶段彩画和地仗的材料比例，进而研究出符合现行材料的、耐久性更好的彩画修缮材料配比。

文物建筑保护修缮前期勘察过程中，可通过材料检测、数字化信息采集等辅助手段，尽可能多地收集保留异于常规修缮的构件或工艺信息，加强记录的同时，也应该考虑其可能对文物建筑保护修缮产生的利好应用。重层彩画对地仗材料的配比可能会起到积极的作用，对地仗的耐久性或结合度产生优化的影响。

参考文献

[1] 陆成兰. 毓庆宫的三次改建与清代建储 [A]. 中国紫禁城学会. 中国紫禁城学会论文集（第三辑）. 北京：紫禁城出版社，2000.

[2] 常欣. 毓庆宫沿革略考 [A]. 故宫古建筑研究中心，中国紫禁城学会. 中国紫禁城学会论文集（第七辑）[C]. 北京：紫禁城出版社，2010.

[3] 胡正鑫，许姗姗，庄立新，等. 毓庆宫内檐装修色彩标定探讨 [J]. 古建园林技术，2015（2）：60-63.

[4] 庄立新，单群璋. 毓庆宫内檐装修的添安年代及工艺特征 [N]. 中国文物报，2016-02-05.

[5] 刘畅，赵雯雯，蒋张. 毓庆宫 [J]. 紫禁城，2009（7）：14-19.

[6] 赵雯雯. 从现存图文档案看故宫毓庆宫内檐装修 [J]. 建筑史，2010（0）：68-76.

[7] 严静. 中国古建油饰彩画颜料成分分析及制作工艺研究 [D]. 西安：西北大学，2010.

[8] 樊娟，贺林. 彬县大佛寺石窟彩绘保护研究 [J]. 敦煌研究，1996（1）：140-188.

[9] 郭宏，黄槐武，谢日万，等. 广西富川百柱庙建筑彩绘的保护修复研究 [J]. 文物保护与考古科学，2003（4）：31-36.

[10] 周文晖，王丽琴，樊晓蕾，等．博格达汗宫古建柱子油饰制作工艺及材料研究 [J]．内蒙古大学学报（自然科学版），2010（5）：522-526．

[11] 郭瑞．山西民间古建筑油饰彩画制作材料及工艺分析 [D]．西安：西北大学，2014．

[12] MAZZEO R，CAM D，CHIAVARI G，et a1．中国明代木质古建西安鼓楼彩绘的分析研究 [J]．文物保护与考古科学，2005（2）：9-15．

[13] 何伟俊．徽州地区明代古建筑彩画传统制作工艺研究 [J]．南京艺术学院学报，2014（4）：117-120．

[14] S WEI，M SCHREINER，E ROSENBERG，et al.The identification of the binding media in the Tang Dynasty Chinese wall paintings by using Py-GC/MS and GC/MS techniques[J]. International Journal of Conservation Science，2011（2）：77-88.

[15] S WEI，M Schreiner，H Guo，et al. Scientific Investigation of the Materials in a Chinese Ming Dynasty Wall Painting，[J]. International Journal of Conservation Science，2010（1）：99-112.

[16] 魏书亚，马清林，MANFRED S．山东青州香山西汉墓彩绘陶俑胶接材料研究 [J]．文博，2009（6）：71-78．

[17] 魏书亚，MANFRED S，ERWIN R，等．陕西唐墓壁画和内蒙古大召寺明代壁画胶接材料的 Py-GC-MS 与 GC-MS 研究 [M]．中国文化遗产研究院．文物科技研究（第六辑）．北京：科学出版社，2009．

烟熏对故宫南薰殿青绿彩画的影响

李 静* 杨 煦**

摘　要：南薰殿是为数不多的明代建筑，其内檐彩画具有明显的明代早中期形制特征，具有重要的研究意义和历史价值，但由于历经数百年，发生了各种病害，如颜料粉化、烟熏、起翘等。本文以南薰殿烟熏彩画为研究对象，采用 SEM-EDS、Raman 等技术对其地仗层、颜料层和烟熏层样品进行成分分析，表明文物样品的地仗层采用单披灰制作工艺，颜料层所用颜料为石青、氯铜矿、炭黑、朱砂、铅白，烟熏层中所含主要元素为 C、O、S、N 等。然后经模拟制作彩画试样，进行烟熏模拟试验，结果表明：烟熏会对彩画造成较大影响，色差 ΔE 最大可达 20，严重影响了彩画的观赏性和艺术价值。

关键词：烟熏病害；模拟彩画；色差

一、前言

　　南薰殿是一处独立院落，位于紫禁城前朝西路，西华门内，

＊故宫博物院副研究馆员。

＊＊故宫博物院助理工程师。

武英殿西南方向，四周围绕着院墙，占地面积约 1400 平方米。根据明清两朝的史料记载[1]，南薰殿从未发生过火灾，也没有过重建，故南薰殿是明朝遗构。其中的内檐彩画是宫殿类建筑明代彩画唯一保存较好的实例，为研究明代彩画提供了实物资料，具有重要的研究意义和历史价值。

古建彩画，通常指绘制在古代建筑上的装饰画。古建彩画具有悠久的历史，早在新石器时代，就有在泥灰建筑表面描绘形象的做法，后来这种在建筑表面绘制形象的做法一直延续至今。

古建彩画主要由颜料层和地仗层两部分构成。颜料层由颜料和胶黏剂混合后绘制而成。彩画中的颜料主要分为天然矿物颜料、植物染料和人工合成颜料三大类，其中天然矿物颜料有石绿、青金石等，植物染料有靛蓝、藤黄等，人工合成颜料有巴黎绿、群青等。胶黏剂是一种通过界面的黏附和内聚力等作用，将两种或两种以上的物质黏在一起的材料。颜料层中的胶黏剂主要用来调和颜料，如水胶、光油等。不同朝代使用的胶黏剂有所不同，明代普遍采用骨胶或鱼鳔胶；清代普遍采用水胶（皮胶、骨胶），特殊情况下用光油或桐油代替。地仗是一种保护木构件并填补其缺陷，使其棱角整齐、大面光洁平整的混合物质，主要含砖灰、桐油、猪血、面粉、麻等。其制作工艺多种多样，主要分为单披灰和麻布地仗两种，其中单披灰有四道灰、三道灰、两道灰等做法，麻布地仗有一麻五灰、一布五灰、二麻六灰等做法[2]。此外，由于明代梁枋大木以楠木等硬木为主，少量松木为辅，且楠木质地细腻，无大面积缺陷，因此绘制彩画时一般在硬木上做单披灰、靠骨灰地仗或不做地仗，和清代麻布地仗做法有所区别。

古建彩画不仅能对木构起到保护作用，而且可以对建筑起到装饰美化的作用，但是一般只能维持 50 年左右。在此期间，彩画会遭受各种环境因素的影响，进而产生许多病害，如颜料褪变色、颜料粉化脱落、彩画龟裂、烟熏和生物病害等。其中烟熏病害是指因炊事、取暖、炼丹、祭祀等活动产生的油烟将彩画污染的现象。目前国内外针对烟熏病害的研究大致分为三类：一是探究烟熏形成机理及成分鉴定；二是探究烟熏对底部文物的影响；三是针对烟熏病害进行清除和文物复原工作。

曹宁[3] 将壁画烟熏的形成原因分为三种：一是由宗教活动中的燃香产生的烟熏层；二是由生火取暖、炊事产生的烟熏层；三是由大气中的二氧化碳、氮氧化物及粉尘等环境因素产生的烟熏层。Howell 等[4] 对一幅中世纪壁画上的烟熏进行了拉曼光谱研究，认为烟熏层的来源为蜡烛、油灯及加热炉等。Schmidt 等[5] 利用光学显微镜、SEM-EDS 等方法，对北丝绸之路上佛教石窟中的烟熏壁画进行研究，发现烟熏层的厚度在 10μm 左右、烟熏颗粒的粒径在几十纳米左右且主要元素为碳，认定烟熏的来源可能为火灾。王永进等[6] 对烟熏层的成分进行了检测，发现烟熏层是由饱和脂肪酸甘油酯或饱和脂肪酸、炭黑组成的混合物。

韩明等[7] 通过研究石窟上的烟熏病害发现，虽然烟熏层的存在对岩体本体具有缓解酸性气体侵蚀和可溶盐结晶的作用，但是长时间存在会引起新的病害：一方面，烟熏油脂的黏性较强，当表层彩画的胶黏剂老化时，易导致彩画卷曲、起甲、龟裂；另一方面，在阳光可以直射的区域，烟熏区和周围区域的温度变化不一致，导致受热收缩膨胀不同步，易产生开裂，对壁画造成二次伤害。

由于烟熏病害具有颜色破坏大、修复难度高、相关研究少等特点，烟熏彩画的修复工作始终难以取得较大进展。传统去除烟熏的方法多以使用化学试剂为主，费时费力，且化学试剂会对彩画造成一定程度的损害。

付心仪等[8] 通过对壁画烟熏层的形成过程进行模拟试验，并形成别具创新性的烟熏壁画数字化色彩复原工作流程，复原准确率可达 96.36%。李战[9] 采用脱脂棉签蘸取 3A（乙醇：去离子水：丙酮为 1：1：1）溶液的方法去除彩画表面烟熏层。卢秀善[10] 则针对天梯山石窟壁画采用十二烷基苯磺酸、脂肪醇聚氧乙烯醚、三聚磷酸钠、羟甲基纤维素和去离子水的组合作为烟熏层的清除材料。

本文以南薰殿内檐烟熏彩画为研究对象，着重分析其地仗层、颜料层和烟熏层成分，并模拟制作烟熏彩画，研究烟熏过程对彩画的影响，以期对后续烟熏彩画的研究、修复及保护提供一定的依据。

二、试验部分

1. 样品检测

获取南薰殿内檐彩画脱落样品，利用偏光显微镜、扫描电子显微镜结合能谱仪、拉曼光谱仪等对样品的地仗层、颜料层及烟熏层进行结构观察、成分分析，为后续模拟彩画的制备提供依据。

（1）微观形貌观察

为了解地仗层结构、麻层纤维形貌、颜料种类、颗粒形态、颜料层厚度及烟熏层形貌和厚度等，用树脂包埋法制作剖面样品，采用偏光显微镜（ZL500LPT）对样品表面、剖面等拍照观察。

（2）淀粉定性分析

碘 - 淀粉反应为专一的显色反应，故可用来检测地仗中是否添加淀粉。具体测试方法如下：将各地仗粉末样品用去离子水浸泡 1 小时后，滴入 3 滴碘液，若溶液变蓝则证明有淀粉存在。取空白去离子水及添加面粉溶液作为参照对比。

（3）血料定性分析

鲁米诺试剂可以被血红蛋白氧化并发出蓝色荧光，且该反应灵敏度极高，故可检测地仗中是否含有血料。具体测试方法如下：用 15.00 毫升蒸馏水溶解 0.1000 克鲁米诺与 0.5000 克碳酸钠的混合物，然后与 3%H_2O_2 溶液以 1：1 体积比进行混合。将 3 滴试剂滴加到地仗粉末样品上，在暗处观察，若有强烈的蓝色荧光，说明地仗中含有血料。

（4）桐油定性分析

为确定地仗层中是否含有桐油等油脂，称取 0.50 克样品粉末，用 5.00 毫升去离子水溶解，然后加入 2.00 毫升 1 摩尔 / 升的氢氧化钠溶液，水浴加热使油脂完全皂化，向冷却后的样品中滴加 3 滴 30% 的过氧化氢溶液，若样品中出现大量白色泡沫，则证明含有油脂类物质。

（5）颜料成分的拉曼光谱（Raman）测试

采用 LabRAMARAMIS 拉曼光谱仪对颜料样品进行成分分析，激光波长有 532 纳米、633 纳米和 785 纳米三种，选择适合波长进行检测，从而获得最佳测量结果。

（6）颜料及烟熏层的 SEM-EDS 分析

将小块颜料层样品贴至样品台的导电胶上，样品表面喷金，用 S-4800 型扫描电子显微镜观察其显微结构，同时用能谱仪对烟熏层中所含元素进行半定量分析。

2. 模拟彩画制作

结合上述彩画检测结果及相关文献中的彩画制作工艺[11]，确定模拟彩画样品制备的三大步骤：木基层处理、衬地绘制及颜料绘制（图 1）。

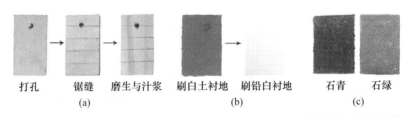

打孔　锯缝　磨生与汁浆　刷白土衬地　刷铅白衬地　石青　石绿
(a)　(b)　(c)

图 1　模拟彩画制作步骤
(a) 木基层处理；(b) 衬地绘制；(c) 颜料绘制

3. 烟熏模拟试验

（1）烟熏模拟试验简介

采用燃烧佛香（主要成分为菝葜、柠檬菝）的方法进行烟熏试验，每种彩画取三个平行样，每次试验取 9 根佛香熏 90 分钟。试验开始前需对所有样品进行色差、光泽度、硬度等物理指标以及宏观、微观形貌测试，试验过程中保持彩画试样与佛香的距离约为 10 厘米以便控制烟熏的强度，每次烟熏结束后需对所有烟熏试样进行物理指标及宏观、微观形貌测试。烟熏试验装置示意图见图 2。

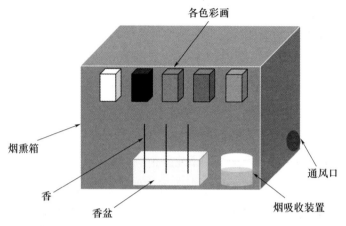

图 2　烟熏试验装置示意图

（2）色差测量

色差测量采用通用色差计（JZ-300）进行测试，测试颜料的 L、a、b，然后根据公式计算得出色差 ΔE。色差计算公式为

$$\Delta E=\sqrt{(\Delta L)^2+(\Delta a)^2+(\Delta b)^2}$$

$$\Delta L=L_{样品}-L_{标准}$$

$$\Delta a=a_{样品}-a_{标准}$$

$$\Delta b=b_{样品}-b_{标准}$$

式中，ΔL 为正数表示偏白，ΔL 为负数表示偏黑；Δa 为正数表示偏红，Δa 为负数表示偏绿；Δb 为正数表示偏黄，Δb 为负数表示偏蓝。

（3）光泽度测量

采用光泽度仪（PGM60）进行测试。光泽度可以表征物体表面的反光程度，在一定的测试角度下，光泽度越大，说明物体表面对光的反射能力越强。本试验选取入射角为 60°的光泽度仪。

（4）硬度测量

硬度测量采用邵氏硬度计（LX-A）进行测试。硬度表征材料局部抵抗硬物压入其表面的能力。采用压针伸入物体表面的长度来反映邵氏硬度的大小，深入的长度越长，则邵氏硬度越小。A 型硬度计的量程为 0 ~ 100HA。

（5）宏观、微观形貌观察

采用数码相机和视频显微镜（3R-WM401PC）观察彩画的宏观、微观形貌，宏观上观察彩画的颜色变化及病害产生等，微观上观察颜料颗粒形态及病害的程度。本文使用的视频显微镜放大倍数为 200 倍。

三、结果与讨论

1. 样品检测结果

（1）地仗层及颜料层检测结果

1）偏光显微镜观察结果。将南薰殿内檐明间额枋与平板枋绿色彩画样品制成剖面样品，在偏光显微镜下进行观察（图3），发现额枋绿色彩画颜料层厚度约为 22 微米，颜料层中的显色颜料为 20 ~ 30 微米的绿色晶体组成，形象不清晰，呈颗粒堆积状（图4），为传统矿物颜料天然氯铜矿的光学特征[12]；而平板枋绿色彩画颜料层厚度为 100 ~ 150 微米，地仗层为 20 ~ 40 微米，由褐色颗粒物组成（黏土，推测为白土层），同时地仗层中没有观察到麻纤维存在过的痕迹，故推测地仗的制作工艺为单披灰。

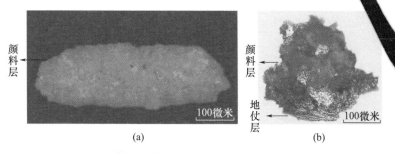

(a)　　　(b)

图 3　南薰殿内檐明间额枋与平板枋绿色彩画的剖面显微形貌
(a) 额枋；(b) 平板枋

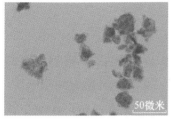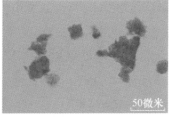

图4　南薰殿内檐明间平板枋绿色彩画显色颜料颗粒的偏光显微形貌

2）淀粉、血料及桐油定性检测结果。南薰殿内檐明间额枋彩画地仗粉末样品的碘 - 淀粉测试结果如下：南薰殿内檐明间额枋彩画地仗样品中滴加碘液后，没有发生显色反应，说明该地仗中未添加淀粉。具体检测结果如图5所示。

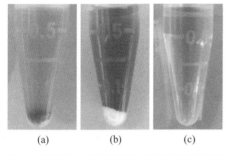

(a)　　　　　(b)　　　　　(c)

图5　南薰殿内檐明间额枋彩画地仗淀粉定性检测结果
(a) 地仗；(b) 去离子水 + 面粉；(c) 去离子水

南薰殿内檐明间额枋彩画地仗粉末样品的血料定性检测结果如下：滴加过鲁米诺试剂的地仗样品没有产生蓝色荧光，说明该地仗层中可能没有添加血料。具体检测结果如图6所示。

(a)　　　　(b)

图6　南薰殿内檐明间额枋彩画地仗桐油定性检测结果
(a) 测试前；(b) 测试后

　　南薰殿内檐明间额枋彩画地仗样品桐油检测结果如下：南薰殿内檐明间额枋彩画地仗样品测试后没有产生白色泡沫，说明该地仗中可能没有采用桐油类物质作为胶黏剂。结合文献推测地仗层中所使用的胶黏剂为鱼鳔胶[11]。

　　3）颜料颗粒拉曼光谱测试结果。南薰殿内檐明间平板枋绿色彩画颜料颗粒的拉曼光谱测试结果如图 7 所示。

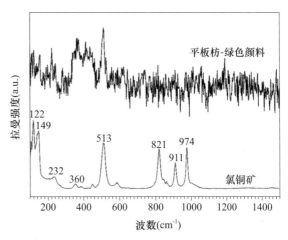

图 7　南薰殿内檐明间平板枋绿色彩画的拉曼光谱检测结果

　　拉曼光谱测试结果表明，平板枋绿色颜料颗粒的拉曼光谱与氯铜矿（Atacamite）的拉曼光谱吻合[14]，证明南薰殿内檐明间平板枋绿色彩画显色颜料为氯铜矿。采用同样的方法对南薰殿内檐其他各色彩画进行检测，结果表明蓝色显色颜料为石青[15]，黑色为炭黑，红色为银朱，白色为铅白。

　　颜料层中的胶黏剂由于老化分解未检测出，结合文献推测颜料层中所使用的胶黏剂同样为鱼鳔胶[11]。

　　综合地仗层与颜料层的检测结果得出：南薰殿内檐彩画地仗层采用单披灰的制作工艺，其不含淀粉、桐油和血料。这种制作工艺与清代彩画的制作工艺相差甚远，而与宋代彩画的制作工艺相近；颜料层中所用主要颜料为氯铜矿、石青、炭黑、银朱、铅白。胡南斯等[16-17]还通过南薰殿的大木结构和修缮纪事对其建造年代进行鉴定，综合这些资料可以认为南薰殿内檐彩画是明代彩画。

（2）烟熏层检测结果

对南薰殿内檐彩画样品进行显微观察，发现内檐明间七架梁绿色彩画表面有一层黑褐色结垢。该结垢已将底部绿色颜料基本完全覆盖，并使绿色颜料颗粒亮度下降，严重影响了彩画的观感。同时制作剖面封样对烟熏层的厚度进行测量，结果表明表面烟熏层厚度约为 1 微米（图 8）。

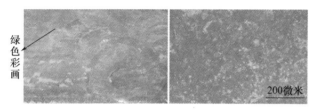

图 8　南薰殿内檐明间七架梁烟熏彩画宏观、微观形貌

南薰殿内檐明间七架梁烟熏彩画表面的 SEM-EDS 测试图像结果如图 9、表 1 所示。

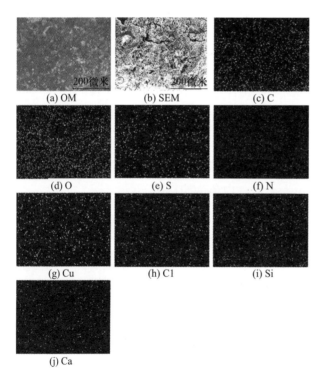

图 9　南薰殿内檐明间七架梁烟熏彩画表面 SEM-EDS 测试图像

表1　南薰殿内檐明间七架梁烟熏彩画表面 SEM-EDS 测试结果

元素	O	S	N	Cu	Si	Cl
质量分数	60.60	11.55	9.61	0.03	17.96	0.25
原子分数	69.12	6.57	12.52	0.01	11.66	0.12

由图9和表1可知，烟熏彩画表面含有的主要元素为 O、S、N、Cu、Si（因在测试过程中 C 含量为99% 而使其他元素无法出峰，故在表1中将 C 含量数据删除，仅在图7中显示）。其中 C 和 O 所占含量最大，O 占 60.75%（质量分数），故推测 C 和 O 为燃烧产物；S 和 N 推测部分为燃烧产物，部分为大气中的 SO_2、NO_2 长期积累的结果；Cu 和 Cl 为绿色颜料氯铜矿 $[Cu_2(OH)_3Cl]$ 的主要元素；Si 和 O 为灰尘（SiO_2）的主要元素[18]。

结合文献与上述试验结果来看，南薰殿曾作为皇家炼丹之所，彩画上的烟熏层为炼丹所致，故后续试验中可以采用燃烧的方法模拟烟熏试验。

2. 烟熏试验结果

烟熏模拟试验共进行了9次，历时一个星期。试验结束时，两种颜色彩画均发生较大变化，部分试样甚至出现起翘、颜料脱落等现象。

（1）石青彩画

烟熏前后石青彩画试样宏微观形貌对比图如图10所示。

(a)　　　　　　　　　(b)

图10　石青彩画烟熏前后形貌对比图
(a) 烟熏前；(b) 烟熏后

由图10可见，石青彩画在烟熏后表现出发黄、变暗的现象，且表面有黄褐色的烟熏层覆盖。微观下观察到石青彩画表面出现薄薄的黄褐色烟熏层，且颜料颗粒呈蓝黑色，亮度下降，严重影响了彩画的美观。

为获得烟熏过程中彩画表面的色差、光泽度和硬度变化规律，试验过程中不断对其色差、光泽度和硬度进行测试，结果如图 11 和图 12 所示。

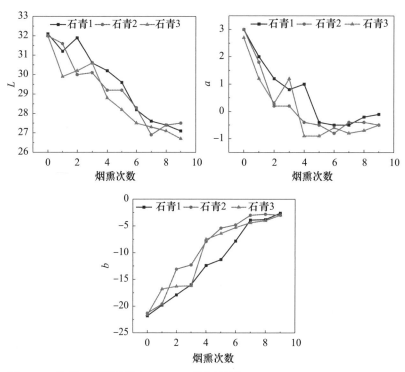

图 11　石青彩画烟熏过程中 L、a、b 测试结果

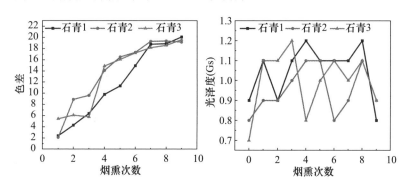

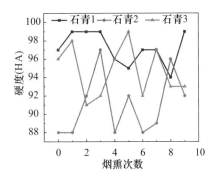

图 12　石青彩画烟熏过程中色差、光泽度、硬度测试结果

由图 11 和图 12 可见，石青彩画在烟熏过程中色差始终处于上升趋势，且色差最大值达到 20，说明烟熏对石青彩画的颜色造成较大影响，结合其 L、a、b 进行分析，在烟熏过程中，石青彩画的 L 下降，a 下降，b 升高但没有升至 0 以上，说明石青彩画有明显的变暗、偏绿、发黄现象。L 下降与 b 升高是因为表面烟熏层覆盖所致，a 下降是因为黄色烟熏层与蓝色的石青颜料混合后在光学上表现为绿色。同时在烟熏过程中，石青彩画的光泽度和硬度没有发生明显的变化，始终在波动，说明烟熏对石青彩画的光泽度和硬度基本没有造成影响。

（2）石绿彩画

烟熏前后石绿彩画试样宏观、微观形貌对比图如图 13 所示。

(a)　　　　　　　　　　　　(b)

图 13　石绿彩画烟熏前后形貌对比图
(a) 烟熏前；(b) 烟熏后

由图 13 可见，石绿彩画在烟熏后表现出发黄、变暗的现象，表面有黄褐色的烟熏层覆盖，同时彩画表面还出

现颜料脱落、起翘等现象。微观下观察到石绿彩画表面出现薄薄的烟熏层，同时原本明亮的绿色颜料颗粒呈现黄绿色，且具有油脂的包裹感，反光加剧，严重影响了彩画的美观。

为获得烟熏过程中彩画表面的色差、光泽度和硬度变化规律，试验过程中不断对其色差、光泽度和硬度进行测试，结果如图 14 和图 15 所示。

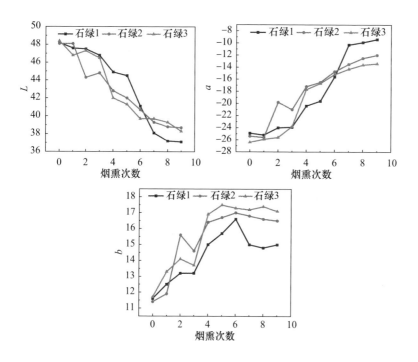

图 14　石绿彩画烟熏过程中 L、a、b 测试结果

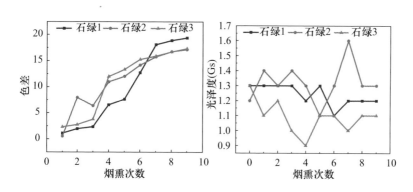

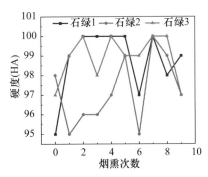

图 15 石绿彩画烟熏过程中色差、光泽度、硬度测试结果

由图 14、图 15 可见，石绿彩画在烟熏过程中色差始终处于上升趋势，且色差最大值达到 19，说明烟熏对石绿彩画的颜色造成了较大影响，结合其 L、a、b 进行分析，在烟熏过程中，石绿彩画的 L 下降，a 升高但始终在 –9 以下，b 升高，说明石绿彩画有变暗、发黄现象，且较为明显。L 下降是因为表面烟熏层的覆盖所致；a 升高是因为黄色烟熏层与石绿颜料混合后使绿色色度发生了变化；b 升高是因为黄色烟熏层不断附着在石绿颜料颗粒上所致。同时在烟熏过程中，石绿彩画的光泽度和硬度没有发生明显的变化，始终在波动，说明烟熏对石绿彩画的光泽度和硬度基本没有造成影响。

四、结论

本文对南薰殿烟熏彩画进行了研究，对彩画烟熏层、颜料层及地仗层的成分及制作工艺进行了分析，并以此为基础结合相关文献模拟制作彩画，通过模拟烟熏试验得到烟熏彩画，得出以下结论：

（1）本试验所获取的南薰殿内檐彩画是明代彩画。其制作工艺如下：地仗层采用的是单披灰制作工艺；绘制颜料层所用的主要颜料有石青、氯铜矿、炭黑、银朱、铅白等。

（2）南薰殿内檐彩画表面烟熏层主要含有 C、O、S、N 等元素，厚度约为 1 微米，推测为炼丹等活动所致。

（3）模拟试验结果表明烟熏对青绿彩画均造成较大影响，其中最直接的影响是色彩，烟熏前后色差最大达到20。烟熏会使颜料表面覆盖一层烟熏层，使颜料明度与色度发生改变，同时烟熏过程中的高温环境还易造成彩画起翘，并导致颜料脱落。

鉴于烟熏病害对彩画艺术价值和历史价值的影响，希望本文能够为后续烟熏彩画的研究、修复及保护提供一定的依据。

参考文献

[1] 中国第一历史档案馆.为呈请修理南薰殿等处房间等项事 [A].

[2] 周文晖.古建油饰彩画制作技术及地仗材料材质分析研究 [D].西安：西北大学，2009.

[3] 曹宁.基于光谱成像的寺观壁画烟熏区域信息复原 [D].北京：北京建筑大学，2021.

[4] HOWELL G M，EDWARDS，DENNIS W，et al. Raman spectroscopic study of a post-medieval wall painting in need of conservation[J]. Anal Bioanal Chem，2005（383）：312-321.

[5] BIRGIT ANGELIKA SCHMIDT，MARTIN ANDREAS ZIEMANN，SIMONE PENTZIEN，et al. Technical analysis of a Central Asian wall painting detached from a Buddhist cave temple on the northern Silk Road[J]. Studies in Conservation，2016，61：2，113-122.

[6] 王永进，周伟强，石美荣，等.西藏桑耶寺壁画表面烟熏污染物的分析研究 [J].文物保护与考古科学，2021，33（3）：93-97.

[7] 韩明，郭建波，谢振斌.烟渍对石窟造像的影响探究：以通江千佛岩石窟为例 [J].四川文物，2021（5）：104-110.

[8] 付心仪，李岩，孙志军，等.敦煌莫高窟烟熏壁画的数字化色彩复原研究 [J].敦煌研究，2021（1）：137-147.

[9] 李战.陕西西岳庙古建筑油饰材彩画保护与修复 [J].绿色科技，2020（6）：246-248.

[10] 卢秀善.天梯山石窟壁画病害及其修复 [J].丝绸之路，2015（18）：60-63.

[11] 陈薇.江南明式彩画制作工序 [J].古建园林技术，1989（3）：3-5.

[12] 夏寅，等.遗彩寻微：中国古代颜料偏光显微分析研究 [M].北京：科

学出版社，2017.

[13] 李路珂，石艺苑，宋文雯. 文物建筑色彩面层的视觉性质与材料做法初探：以传统矿物颜料"石青"（蓝铜矿）为例 [J]. 故宫博物院院刊，2021（4）：65-94，110.

[14] 李静，吴玉清，王菊琳. 故宫南薰殿明代蓝色彩画检测及分析 [J]. 城市建设理论研究（电子版），2019（17）：184-185.

[15] 徐怡涛. 明清北京官式建筑角科斗拱形制分期研究：兼论故宫午门及奉先殿角科斗拱形制年代 [J]. 故宫博物院院刊，2013（01）：6-23，156.

[16] 胡南斯. 北京紫禁城南熏殿建筑形制与修缮设计研究 [D]. 北京：清华大学，2014.

[17] 刘景龙，刘成，陈建平，等. 龙门石窟洞窟雕刻品表面黑色油烟渍清洗实验报告 [J]. 中原文物，2000（2）：42-55.

[18] 朱家溍，朱传荣. 养心殿造办处史料辑览 第一辑 雍正朝 [M]. 北京：故宫出版社，2013.

浅说中国古典园林建造技艺对宁寿宫花园的造园影响

安　菲[*]

摘　要：本文以北京故宫内的宁寿宫花园为题，立足于现存实例，以中国古典园林史与中国古典园林建造技艺为主要参考依据，对宁寿宫花园进行资料收集、整理与分析。论文的第一部分为绪论，主要叙述了本次研究的目的与意义以及相关的文献。第二部分为中国古典园林的历史沿革，概括性描述了中国古典园林的起始时期、发展时期与成熟时期。第三部分为中国古典园林的特点，分别从园林的构成要素、分类、布局特征三个方面详释中国古典园林的总体特点。第四部分为宁寿宫花园的园林意趣。本部分是该篇论文的重点内容，分别从建筑概况、创作意匠、构成要素、布局特征四个方面详细剖析了宁寿宫花园的造园技术与艺术。第五部分为总括，统揽论文全篇，通过对宁寿宫花园的研究与解析，将所得结果汇总，进而得出相应的结论。

关键词：北京故宫；宁寿宫花园；中国古典园林；园林；园林意趣；造园技术与艺术。

＊故宫博物院高级工程师。

一、绪论

中国古典园林自古以来就深受人们的喜爱，园林及园林中的建筑不同于其他一般建筑，其在功能上兼具娱乐与居住的作用，通过自然花木与建筑的完美结合，使人们置身其中，感受大自然，令身心得到双重享受。

中国历史悠久，地域辽阔，民族众多，所造就的建筑技术与艺术百家争鸣、百花齐放。单就中国古建筑而言，就是一个建筑类别众多、建筑样式丰富的领域。在其中，古典园林是一个单独类目。在古典园林中，包含多种多样的元素，有自然的花草植物，有人工建造的建筑小品，也有人工与自然结合的假山与流水置景，众多元素汇集于园林中争奇斗艳，令人喜爱与向往。前文说到，中国地大物博，因此园林作为一种类型的古建筑，建造历史悠久，有多样的地域性与民族性，不可一概而论，应分门别类逐一细说。在本文中，笔者做一个仅限于本文的约定：中国古典园林等同于中国园林，等同于园林，均指代中国秦朝至清朝时期建造的园林。本文以北京故宫内的宁寿宫花园为例，浅析这座皇家园林的造园意趣。

一提到乾隆花园，人们相对熟悉与了解：它是北京故宫内乾隆皇帝的私家园林，有皇家园林的肃穆与私家园林的灵动，在故宫内独树一帜，非常著名，令世人心驰神往。乾隆花园的官称为宁寿宫花园。宁寿宫花园隶属于故宫的内廷（后寝）部分，位于内廷外东路宁寿宫区域。该区域为太上皇宫殿区，是清代乾隆皇帝为自己退位后准备的太上皇宫殿，这一宫殿区域以宁寿命名，包括前朝、后寝等区域，俨然紫禁城中东部的一个微缩版朝廷。[1]宁寿宫花园始建于清乾隆时期，是乾隆皇帝自己属意的敕建花园，既是北方皇家园林，又是江南私家园林。乾隆皇帝南巡时对于江南的私家园林颇为欣赏与喜爱，效仿自己的祖父康熙皇帝，一面执政江山，一面向往文人士林的回归自然、隐逸潇洒的隐士生活。为了表达自己励精图治后退政归隐的素志，乾隆皇帝在紫禁城这座规矩、严谨的宫殿群中主持建造了自己的养老场所——宁寿宫花园（图1、图2）。

图1　故宫太上皇宫殿区　图2　故宫宁寿宫花园
（图片来源：https：//www.dpm.org.cn/Visit.html，作者对图片进行了修改）

　　在中国的古建筑领域，对于北京故宫内的宁寿宫花园有着许多或详细或概括的研究。在《长宜茀禄：乾隆花园的秘密》这本书中，作者着重介绍的是宁寿宫花园的内檐装修，展开了一幅乾隆皇帝渴望的晚年生活画卷，书中展现的古代匠师们的螺钿、黑漆描金、瓷器镶嵌等卓越技艺令人叹为观止；在《古园千秋·故宫宁寿宫花园造园艺术与意象表现》这本书中，作者对宁寿宫花园的建筑布局与艺术表现力着墨较多，以一种散文的笔触描绘他眼中的宁寿宫花园所呈现的艺术美感；在《乾隆花园》这本书中，作者对宁寿宫花园做了一次全方位的介绍，从乾隆皇帝的文人思想、他的喜好及他喜欢的建筑装饰入手，展现出宁寿宫花园的文化内涵。在《中国古典园林史》一书中，在大内御苑章节中，作者只用了很小的篇幅介绍性描述了宁寿宫花园的主要建筑布局，仅做概述，并未详细描写。在《中国古建筑艺术》一书中，作者在介绍北京故宫的建筑特征时，对宁寿宫花园的描述一带而过，未专门展开描述。在《宫殿建筑：末代皇都》一书中，作者用大量篇幅介绍北京故宫的建筑规划与建筑特征的同时，在有关园林的部分少量地介绍了宁寿宫花园的格局，仅是介绍性概述。除此之外，在众多关于中国园林史、园林建造史、园林建造技艺、园林艺术美学等相关书籍中，都有对宁寿宫花园或多或少的介绍与研究。

因工作原因，笔者亲自参与了宁寿宫花园的保护与研究，对宁寿宫花园内的建筑做了比较细致的资料收集与整理。在宁寿宫花园中，笔者真切地感受到这座皇家园林的雄伟壮丽与江南灵韵的水乳交融之美。结合相关的文献资料，笔者站在前辈的肩膀上，试从中国古典园林的建造技艺角度调查与分析北京故宫宁寿宫花园的造园意匠。

二、中国古典园林的历史沿革

中国古典园林的建造技术与艺术起源甚早，其园林建造史可追溯至商朝，直至秦朝出现了真正意义上的皇家园林。秦朝时期，国本稳固，经济也在逐步发展，这时的上层统治者们开始兴起了一些娱乐活动。娱乐活动的兴起使秦朝统治者们开始大兴土木，他们对建筑的审美情趣有了一定的追求。于是，园林的建造在这一时期开始发展起来，更多的建筑样式开始出现。历经朝代更迭，中国的园林建造技术与艺术自此不断发展、不断完善、不断成熟。园林建造时至唐朝，成为第一个发扬光大的高潮时期。第二个高潮时期始于明朝，止于清朝。清沿明制，明清两朝为中国园林建造技术与艺术发展壮大的历史高潮时期。

中国古典园林建造史中最先出现的囿与台，即为园林的前身。随着历史的发展与朝代的更迭，由囿、台逐渐演变为苑。鹿苑、上林苑在此时期兴盛发展起来。随着国力的增强与经济的稳步前进，苑进一步发展为园林。不断完善与美化的园林体现着各个时期的上层掌权者、文人士林、艺术家、匠师们的精神追求与审美情趣。

中国古典园林在封建社会是一处综合性的高端娱乐场所，主要为有一定文化水平与经济实力的人服务。在这样一片模拟大自然的小天地里，园林借助自然的山水花草美景，凭借设计匠师们高超的技术造诣将建筑嵌入其中，达到水乳交融的艺术效果，与周边环境融为一体，供人们赏景、娱乐、宴客、小憩、驻足与休息。部分园林建筑还带有一定的居住功能。中国园林既是休闲之地，又是娱乐之所，兼有居住休息的功能；人们置身于园林中，犹如徜徉在大自然中，人与自然亲近，观景品景，放松身心，实在是令人心旷神怡，这也在一定程度上反映了当时社会上中高阶层人士的精神境界与心灵追求。

中国古典园林对东方曾经产生过强烈的影响，在西方也曾激起一片涟漪。中国古典园林作为古典文化的一个组成部分，在它的漫长发展历程中不仅影响着亚洲汉文化圈内的朝鲜、日本等地，甚至远播至欧洲。它本身的发展却由于地理环境所造成的自然隔离状态以及封建时代的大统一思想、天朝意识、夷夏之别诸要素所导致的社会封闭机制，而呈现为在绝少外来影响情况下的长期持续不断的"演进"，随着时间的推移而实现其日益精密、细致的自我完善。中国古典园林的演进发展延绵数千年，分布范围纵横百万里，有关的文献资料浩如烟海，各地的大量实物尚需调查，许多重大问题有待深入探索。因此，对它的历史的介绍只能是阶段性的研究成果，而且需要不止一部著作，或详尽，或简略，从不同的观点、运用不同的方法达到取长补短、殊途同归的目的。[2]

三、中国古典园林的特点

1. 园林的构成要素

在中国古典园林的建造中，有造园四要素，即山、水、植物、建筑。其中，山、水及植物这三个要素与建筑的联系紧密且相辅相成。来到一座花园中，人们欣赏的既是园林中的一山一水、一草一木，又是园林中各式各样的古建筑。园林建筑自成一景，是中国园林造园艺术中的一个必不可少的因素，富有建筑美感，建筑与园林景色相融，别有意趣。

山、水、植物这三个要素在自然环境中随处可见，在园林置景中将它们和谐统一搭配，模拟自然。而建筑要素的加入好似使写仿自然的园林中增加了一丝人的主宰意愿。然而，园林建筑并不是破坏园林整体布局的自然性与完整性，而是顺势而为地融入园林中，运用得当，自然天成。园林中的建筑不是人为改变园林的自然环境，而是当时的人们以山水等自然元素寄情，使用它们创造自然，建造园林，在园林中感受自身，追求雅趣，达到极致的精神美感。所以说，园林是人们亲近和热爱自然、寄托自身精神追求、表达审美情趣的一种载体。

中国园林建筑的造型与自然风貌的统一，还特别表现在以不同的建筑风格去适应不同地区的不同自然景观的特点上。我国地域辽阔，由于地质构造、生成条件、地理环境、气候因素各有不同，因而形成了各不相同的自然景观。这种自然景观上的差别，不仅在不同地区表现出不同的特色，有时在同一个地区之内也往往具有不同的特色。此外，江南的秀丽景色与北国的塞外风光不一样，滨海地区的景色与内陆地区的景色也不一样。以不同的造型处理去适应不同特色的自然景观是中国园林建筑的突出成就和优良传统。[3]

2. 园林的分类

在中国古典园林史中，涉及的园林种类众多，分类方式也不尽相同。综合大部分文献资料可知，《中国古典园林史》对中国古典园林的分类已经十分清楚与详细，笔者十分认同，因此以下介绍该书的分类方法，不再做更多的展开。

（1）第一种分类方法

按照园林基址选择和开发方式的不同，中国古典园林可以分为人工山水园和天然山水园两大类型。

人工山水园即在平地上开凿水体、堆筑假山，人为地创设山水地貌，配以花木栽植和建筑营构，把天然山水风景缩移模拟在一个小范围之内（图3、图4）。这类园林均修建在平坦地段上，尤以城镇内的居多。

图3　北京故宫宁寿宫花园（安菲拍摄）

图4　北京北海公园（安菲拍摄）

　　天然山水园一般建在城镇近郊或远郊的山野风景地带，包括山水园、山地园和水景园（图5）。规模较小的利用天然山水的局部或片段作为建园基址，规模大的则把完整的天然山水植被环境围起来作为建园的基址，然后配以花木栽植和建筑营构。[2]

图 5　北京颐和园（图片来源：王朗坤拍摄）

（2）第二种分类方法

如果按照园林的隶属关系来加以分类，中国古典园林也可以归纳为若干个类型。其中的主要类型有皇家园林、私家园林、寺观园林。

皇家园林属于皇帝个人和皇室所私有，古籍里称为苑、苑囿、宫苑、御苑、御园等的，都可以归属于这个类型（图 3 ～图 5）。

私家园林多为民间的贵族、官僚、缙绅所私有，古籍里面称为园、园亭、园墅、池馆、山池、山庄、别业、草堂等的，大抵都可以归入这个类型（图 6）。

图 6　江苏拙政园

寺观园林即佛寺和道观的附属园林，也包括寺观内部庭院和外围地段的园林化环境（图7）。

图7　北京碧云寺
（图片来源：https：//baike.baidu.com/pic/%E7%A2%A7%E4%BA%91%E5%AF%
BA/75108/1451867347/7e7f7909c49cec863ac7634f?fr=lemma&fromModule=lemma_
content-image&ct=cover#aid=1451867347&pic=7e7f7909c49cec863ac7634f）

皇家园林、私家园林、寺观园林这三大类型是中国古典园林的主体、造园活动的主流、园林艺术的精华荟萃。除此之外，也还有一些并非主体，亦非主流的园林类型，如衙署园林、祠堂园林、书院园林、公共园林。[2]

3. 园林的布局特征

中国古典园林在漫长的历史发展过程中，具有一定的"闭关锁国"特性，因此对于中国古典园林的建造从古至今就有着相对的排他性、连续性与独立性，这也就造就了园林建造时的布局特征：循序渐进、稳定发展，并且一直为后人继承传统并发扬光大。总体看来，中国古典园林的布局主要有写仿自然、因地制宜、由表及里、构图丰富这四个特征。

（1）写仿自然

写仿自然即模拟大自然的一草一木，将自然之美加以运用，依据当时的流行文化与审美，按照设计者的精神价值取向来创造非常"自然"的园林景观，追求的是道家人与自然的和谐统一，追求的是无为而治、顺应自然，追求的是隐逸在自然山水之中潇洒自由的高洁雅趣。在中国封建社会，人们久居于城市，事务纷杂，心情被琐事牵累，被桎梏于城市这座牢笼之中，于是便十分向往逃离城市的喧嚣，转换心境，寄情于山水间抒发自己的内心情感，而隐藏于城市间的园林就是这一方自然之地。

唐朝诗人李白有一首诗《山中问答》："问余何意栖碧山，笑而不答心自闲，桃花流水窅然去，别有天地非人间。"这首诗的意思即人们长久居于城市中，拘泥于城市添加给人们的条条框框，心情被束缚，无法挣脱一切逃到大自然中。因此，有人竭尽所能，将大自然的好山好水，用人工的匠心独运叠景造园，形成城市中的自然之美，使人们能在城市的桎梏之间，得到片刻的放松与悠然，这才是城市中建造园林的情趣所在。

（2）因地制宜

前文说到园林的分类，无论是人工山水园还是天然山水园，在造园的建造活动中都少不了选择及应用地理环境，只不过两者的侧重点不同。凭借地理的便宜条件，在园林建造过程中最大限度地因地制宜，利用地理环境才能更好地将园林的自然之美发挥出来。

在园林建造的活动中，造园受气候、地质及空间范围的影响与制约。所以，利用有限的条件，最大限度地运用人力、物力、财力开发这片土地，将其建设成为人们所想象的、所希望的园林，是人们向往的桃花源，极大地满足了人们的心理需求，精神随之富足。因地制宜不是再次创造，而是将大自然引入园林中，模拟一个小自然，对气候、地势与周边环境的控制与布局需要因势利导、扬长避短，借山水之利巧夺天工，才能更加"虽由人作，宛自天开"。

（3）由表及里

儒、道、佛是我国历史悠久的三大宗教，也是最能表现国人情感的三大文化源流。中国人的情感表达从古至今都是内敛的、含蓄的，表达本心从来不是直接浮于表面，心之所想言行所现，即由表及里。建筑亦是如此。在中国源远流长的历史中总能找到宗教与建筑互相影响的痕迹。中国的园林是文人、士大夫及匠师们自身审美情趣与道德价值的体现，这是表。园林如何取材、如何置景以及如何建造，都与当时的文化人、当时的文化流行取向有着密不可分的关系。自古以来，文人志士受到中国的儒教与道教影响颇深，如意时遵从儒教的仁义礼智信，为国家而入世，这是文人高洁的精神追求；不如意时则转向道家的回归自然、顺应自然，隐居于山水之间，为避险而出世，也许是暂时性的，也许是长久性的，徜徉于广大天地中忘却人生的烦恼，而中国园林的建造所表达出来的内涵，正是这些文人、士大夫及匠师们自身精神映像的体现，这是里。

纵观中国各色园林就会发现，从表达园林建造的技术与艺术成就看，道教的影响较为广泛。然而，儒教与道教在自然观上是有共同点的，天人合一，寄情于山水，欣赏美的景色而让人身心愉悦，这些观点的表达是儒、道共通的，即你中有我，我中有你。表现在造园活动中，即总体统一在园林这个写仿自然的环境中，我们在视觉感受大自然美景之下，由表及里，更深一层则是感觉到那些文人雅士在其中蕴含的精神追求，是隐逸逍遥、是志存高远、是德厚流光。

（4）构图丰富

从中国古典园林的分类来说，皇家园林的兴建最早，起源于秦朝。私家园林与寺观园林的兴建虽然晚于皇家园林，但在皇权稳固的时代也随着皇家园林的兴建之风蔚然兴起。皇家园林受到统治者及上层贵族阶层的喜好影响最重，在封建礼制的制约之下、在官式制度的桎梏之下只能按照规矩行事，无论多奇思的构想、多精巧的技艺，都难以施展出来。所以，在皇家园林的建造中，人们看到的都是在条条框框约束下的较为规矩的园林景色。相对来说，皇家园林在园林景色的构图中是丰富的，却是一种大气、方正且带着克制味道的丰富。

对于私家园林及寺观园林，特别是江南的私家园林，少了些掌权者的制约，多了些文人士林的雅趣。它的设计与建造既十分贴合当时的流行文化，又非常注重技艺的施展与艺术的表现。可以说，当时江南的私家园林，可以说座座是精品，精神追求与审美取向达到了极致。建造技术与艺术取得了非常大的成就，精彩程度登峰造极。相对来说，寺观园林在园林景色的构图中更多体现出一种静水流深的丰富，是心旷神怡的，是宁静致远的，丰富却不张扬，丰富却又内敛。

私家园林在园林景观的构图中是最为丰富的。私家园林特别是江南的私家园林，在当时的政治环境下是极具发展条件的。气候宜人、环境宜居，地理位置优越，远离权力统治中心，受到的政治影响较小，再加上富足的经济环境，使江南私家园林的发展迅速而广泛。天时、地利、人和，造就了一大批构图丰富的园林。私家园林的构图永远是最别出心裁的，有的以水为主题，有的以山为亮点，有的以造型多样的建筑来置景，匠师们发挥各自所长，以当时文人士林盛行的雅趣为灵感建造了许多负有盛名的私家园林。这些私家园林的构图是自由的、悠闲的、隐逸的、高洁的、优雅的、灵动的，真可谓匠心独运、巧夺天工。

四、宁寿宫花园的园林意趣

中国古典园林的造园历史源远流长，清朝是园林建造的技术成熟期与艺术高光期，在这个建筑技艺百花齐放、百家争鸣的朝代，涌现了许多精彩纷呈的各色园林，时至今日仍为人津津乐道。其中，北方皇家园林与南方私家园林共同蓬勃发展，互相影响、互相成就，为我们留下了非常丰富与宝贵的建筑遗产。

在中国古典园林中，宁寿宫花园的建筑成就独树一帜。宁寿宫花园既是北方皇家园林的典型代表，又有着南方私家园林的建筑特色，可谓园林技术与艺术的集大成者。它既有官式礼制制度下的严谨大气，又有不拘一格的文人园林特色，南北方建筑风格交相辉映，高贵典雅却又灵韵生动，颇具园林意趣。下面，笔者依次从宁寿宫花园的建筑概况、创作意匠、构成要素、布局特征这 4 个方面详细地剖析宁寿宫花园的前世今生。

1. 宁寿宫花园的建筑概况

宁寿宫花园又称乾隆花园，位于北京故宫（紫禁城）内廷区域，属于内廷的太上皇宫殿区，是其外东路宁寿宫区域的西北侧花园（图 8、图 9），始建于清乾隆三十七年（1772 年），历时 5 年，建成于清乾隆四十一年（1776 年），原为乾隆皇帝计划自己退位为太上皇后修建的养老场所，但乾隆皇帝在退位后仍居住在养心殿并未搬入他的这处"养老院"；作为大权依然在握的太上皇，他指导着新皇，名曰"训政"。直至乾隆皇帝去世，他没有住过一天宁寿宫花园，后期也未对这座花园做大幅度的改动，因此这座乾隆时期的园林依旧保持着它的历史信息与建筑特色。

乾隆时期的宁寿宫花园是在康熙初创的宁寿宫旧址上改建而成的，所谓"康熙创其端，乾隆竟其绪"。从学术界公认权威的乾隆二十六年（1761 年）《京城全图》上可以看到诸如宁寿门、宁寿宫、景福宫等后来乾隆宁寿宫花园一直沿用的宫殿名称，乾隆三十四年（1769 年）的《国朝宫史》延续了与《京城全图》完全一样的名称、布局。宁寿宫花园正式兴工，极大地改变了康熙宁寿宫的原有布局。按《国朝宫史续编》乾隆帝所云：康熙宁寿宫旧址新建重檐皇极殿，以备归政以后的"太上皇临御之所"。从《京城全图》上看，康熙时代的这座"宫西花园"平面近乎方形，布局左右对称，是典型的早期清宫庭院样式，与乾隆时代的这座宁寿宫花园的平衡布局明显不同。[5]

查阅文献资料可知，宁寿宫花园的维修历史中没有重建及改建的记录，只局部有多次大型及小型的维修记录，局部建筑部位在以往的维修过程中因当时的条件所限改变了原做法，花园大部分建筑基本保持了乾隆时期的样式与形制，整体建筑格局保存较好。无论是建筑本身的木构、装修，还是建筑上的油饰彩画，其材料构成及工艺手法经考证都是多个历史时期的遗物，历经岁月的洗礼，见证了古建筑保护事业的发展，具有重要的历史价值、艺术价值、科学价值、社会文化价值，是清代古建筑的实例，是珍贵的历史遗存。[4, 6-8]

宁寿宫花园总体是一座南北长、东西短的长方形花园，南北长约 160 米，东西宽约 37 米，占地面积约 5920 平方米。花园是由一条南北向的轴线将 4 个小院落串联成整体的一组大院落（图 10）。花园的最南边为大门的出入口，由南向北进入，正南方向为第一进院落——古华轩区，向北为第二进院落——遂初堂区，再向北为第三进院落——萃赏楼区，最北边是第四进院落——符望阁区。

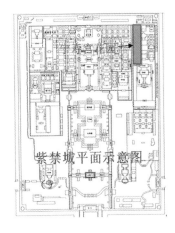

图 8　宁寿宫花园位置示意图[4]　　图 9　宁寿宫花园俯瞰图　图 10　宁寿宫花园院落组成示意图

第一进院落古华轩区（图 11），占地面积 1589 平方米。该院落以坐落在中轴线上的古华轩为主要建筑命名。其余几座单体建筑与游廊连接成整体院落，假山、室外陈设、花草树木散布其中。

图 11　第一进院落古华轩区

　　第二进院落遂初堂区（图 12），占地面积 1156 平方米。该院落以坐落在中轴线上的遂初堂为主要建筑命名，与其他单体建筑共同组成一个规整的三合院，建筑与建筑之间以游廊串联，院落中对称设置了陈设与高大树植。

图 12　第二进院落遂初堂区

　　第三进院落萃赏楼区（图 13），占地面积 1324 平方米。该院落中轴线在不知不觉中稍向东移，但仍以坐落在中轴线上的萃赏楼为主要建筑命名，其余几座单体建筑与游廊连接成整体院落，假山、室外陈设、花草树木散布其中。

图 13　第三进院落萃赏楼区

第四进院落符望阁区（图 14），占地面积 1851 平方米。该院落中轴线与第三进院落轴线对齐，但仍以坐落在中轴线上的符望阁为主要建筑命名，其余几座单体建筑与游廊连接成整体院落，假山、石桥、室外陈设、花草树木散布其中。

图 14　第四进院落符望阁区

宁寿宫花园既是一组独立的园林，又是由各自独立的小园林组成的。组成宁寿宫花园的 4 个院落纵横连接，高低错落，疏密有致，曲折蜿蜒，各有千秋，其建筑形制多样，建筑色彩丰富，园林要素点缀其中，既有自然的浑然天成之趣，又有建筑的人工之美；既有江南园林的秀美灵动、优雅婉约，又有皇家园林的气韵天成、高贵大气，堪称我国官式苑囿与私家园林的集大成者。

2. 宁寿宫花园的创作意匠

宁寿宫花园是乾隆皇帝的私家花园，由这位帝王亲自主持建造，他将自己心中所想映射到这座花园中。可以说，宁寿宫花园里面的一切都反映了乾隆皇帝的精神境界、心灵追求与审美情趣。

乾隆皇帝属意建造宁寿宫花园的时机对于当时的政治环境而言是十分恰当的。乾隆皇帝的父亲雍正皇帝在位期间已经为前者治理国家打造了良好的政治基础与经济基础。乾隆皇帝即位后，当时的社会处于一种歌舞升平、国富民安的状态，这让乾隆皇帝不必忧患，而是可以大张旗鼓地开展对自己喜好的追求。乾隆皇帝饱读诗书，自诩文人雅士，有高洁的精神追求及宏大的理想抱负，他想如先贤大家那样做一名隐士，追求隐逸的潇洒生活，隐居于山野之中。隐士的思想与儒、道两家有密切的关系。孔子的"天下有道则见，无道则隐"的思想在中国文人的思想中是根深蒂固的，这种"隐"带有保全自身的含义，有朝一日政治清明时他还会出山的。以后隐逸的观念发生变化，山林中可隐，城市中也可隐，这种思想对文人园林的营造产生了重大影响。了解中国隐士产生的原因和他们的生活、思想之后，我们就比较容易理解中国文人园林的意义和他们追求的目标。[9] 中国造园运动的蓬勃发展也表现了文人士林在社会上的活跃程度，他们的思想影响了中国园林的进程。特别是南方地区的各色园林，私人做法匠心独运，因地制宜，将自然元素运用到令人叹为观止的极致程度。反过来，私家园林的昌盛也给皇家园林的制造样貌带来了一些改变，在不失严谨、规矩的皇家园林中运用私家园林的精、妙、巧，为皇家园林形象更添生动与灵气。

自古以来，受中国文化源流浸润以及当时社会政治环境影响，文人隐士都有着追求隐逸之心及向往自然之心，普通老百姓亦是如此。这种精神需求投射到现实即园林的产生、发展与兴盛。正所谓"大隐隐于市，小隐隐于野"。无论是哪一个封建王朝的文人士林，经过历史与诗书的洗礼，必然抱有一定的理想与追求。文人士林渴望入世，或大展才华，或郁郁不得志，他们心里都有着自己的精神寄托，对精神活动有着更高的追求。崇尚隐逸，寄情于山水之间，追求大自然的自由、纯洁与宁静。在这样的思想潮流影响之下，部分地区尤其是江南地区，远离政治中心，文人风气蓬勃发展，兼之经济的发达与自然景观的丰富，占尽天时、地利、人和，园林的发展越来越兴盛。这些园林多是上层贵族与文人雅士的聚集之所，所开展的文化活动风靡一时，文人之风席卷全国。同时，这种文人所追求的在山水之间的高洁雅趣的隐逸生活也正是乾隆皇帝所向往的。

人们对于园林的审美兴趣映射的就是建造者的精神追求。这里的建造者不单单指称建设园林的匠师们，还包含园林的掌权者和实际使用者。乾隆皇帝一直追求的是文人的隐逸生活。然而，乾隆皇帝站在权力的顶峰，不可能真正走进大自然，放下一切。所以，乾隆皇帝把他的精神世界映射到其养老场所即乾隆花园中。

一座花园的立意代表了一个人的志向，乾隆作为帝王，其志向可以简单概括为"紫宸志"——"普天之下，莫非王土；率土之滨，莫非王臣"；帝王有"紫宸志"，要求皇家园林"括天下之美，藏古今之胜"。乾隆花园可以说把中国园林的要素尽可能地用到了。在这极其有限的空间里，乾隆设想的晚年退休生活非常有乐趣。他总觉得自己是个文人，这座花园也表现了他的文人思想：第一进院落中有禊赏亭（图15），曲水流觞，是文人生活至高的境界；第三进院落设三友轩（图16），岁寒三友是文人品格和精神境界的象征。虽然贵为天子，但是他处处要表现自己作为一个文人的情怀与追求。[5]因此，宁寿宫花园就是乾隆皇帝的私家花园，代表了他的个人意志，展现的是这位文人帝王高洁、隐逸与雅趣的生活。

图 15　第一进院落禊赏亭

图 16　第三进院落三友轩

3. 宁寿宫花园的构成要素

　　在中国园林建造史中，山、水、植物、建筑是 4 个主要的构图要素。在宁寿宫花园中，也是和谐共生着这 4 个造园要素：

山——太湖石精选堆叠成山，造型各异，因势利导，与建筑相依相假充满整座花园；水——禊赏亭中的流杯渠映射了文人士林归隐山野，隐居的雅趣充斥其中；植物——植物与山、植物与水、植物与建筑互相成就，你中有我，我中有你，使人置身其中如入桃花源一般；建筑——花园里的建筑样式丰富多样，却都完美地与花园里面的山、水、花木密切结合，建筑并没有抢夺园林的风采，而园林也没有抛弃建筑，两者相辅相成、相互融合与协调，达到了建筑与园林的统一结合之美。

宁寿宫花园中假山的存在必不可少，假山置景是花园的精髓所在，假山的用石大多取自太湖石。太湖石又名窟窿石、假山石，是由石灰岩受到长时间侵蚀后慢慢形成的。形状各异、姿态万千、通灵剔透的太湖石，最能体现"皱、漏、瘦、透"之美，因盛产于太湖地区而古今闻名，是一种玲珑剔透的观赏石头。[10] 假山以石堆叠成型，花园以石布置成景。中国人自古以来是个爱石的民族，石性坚硬，亦如人的品质坚定不移，文人雅士常以石喻人，用以赞美人的坚毅性格如磐石不移。堆叠假山的太湖石形状千姿百态，于各进院落因势置山成景，在花园中自成一派气象。石外形峥嵘轩峻，内里坚韧不拔，既丰富了园林的自然因素，又提升了园林内在的审美趣味（图17）。

图17　宁寿宫花园中的假山一隅

纵观中国园林，无论是皇家园林、私家园林还是寺观园林，园林内景基本都是山水相依、动静相生、气韵流转。而宁寿宫花园这座园林则较为特殊，在花园中只见山，不见水，山很多，遍布院落各处，水却一处也没有。山无水则不媚。山以水为血脉，水得地而流，地得水而柔；盖山主静，必得流动之水，方显其生气，故山得水而活。[11] 其实，在宁寿宫花园也有水的存在。宁寿宫花园的置水不像御花园浮碧亭旁的水池那么引人注目，是明水；而是在花园中，带着文人隐逸的趣味于禊赏亭中设置了水景，是暗水。禊赏亭前抱厦地面内挖一条曲折的流水渠，经其南侧假山后储水房中的活水引入渠内（图18、图19），取兰亭修禊之意，是文人雅士中流行的文化活动，兼之建筑装修多以竹饰，与周围假山、植被相互掩映，仿佛置身于山野之中，茂林修竹、曲水流觞，正是文人隐逸之雅趣所在。

图18　禊赏亭正立面

图 19　禊赏亭前的流水渠

　　宁寿宫花园中的植物相较于园内建筑来说，种植面积较小，宁寿宫花园是以建筑为主体的，在形式多样的建筑之外运用山石的元素置景，间或穿插植被的栽种，点缀其中，丰富了园林的布景画面。在花园中，常见的植物有竹子、松树与柏树（图20）。松、竹、柏可以说是树中君子之典范，常青不老、坚韧不拔。以物喻人，花园中的植物表现出乾隆皇帝追求的文人高洁之志，点题又点睛。

图 20　宁寿宫花园中的竹与柏

　　在宁寿宫花园中，建筑元素占比较大。园林中的建筑与其他园林要素是互为一体的，而建筑起到决定性的作用。宁寿宫花园中建筑的体量大小与多姿的样式、丰富的颜色既表现出园林的形式之美，又体现出皇家的气派作风。步入花园，人们游览的既是园内自然之色，又是园内建筑的人工之美。与南方的私家园林不同，宁寿宫花园仍旧保持着官式建筑的制度与做法，这两类园林相互借鉴与融合，形成了各自独有的特色。

首先，宁寿宫花园的建筑元素丰富多变。园内建筑相较于其他园林数量多、体量大、建筑形式多样。特别是各色建筑的屋顶形式与瓦面颜色，可以称得上造型各异、色彩多姿（图21）。宁寿宫花园中每一进院落有单体建筑八九座，以各种样式的游廊连接，特别是第二进院落遂初堂区。它是一个完整的三合院，主要以建筑为主，园林的自然元素占比少之又少，规矩、严整，就像隐士居住在山野中的一座小院落，依托其他进院落的自然环境，绿植荫荫环绕，环境十分优美。其他进院落的建筑元素更加丰富，亭台楼阁遍布其中，这些都为花园增添了丰富的建筑元素。

图21 宁寿宫花园中造型各异的瓦面

其次，宁寿宫花园拥有双层置景特色。花园是一座南北狭长的园林，规整有序，仍旧是以一条南北中轴线串联了整体院落，虽在第三进院落轴线向东偏移，但是在植被的掩映之下，人们不易察觉，依旧有着十分清晰的行进路线。花园的建筑多，亭台楼阁穿插有序（图22），山、石、植被遍布其中，丰富却不杂乱，有着明显官式建筑的序列感，又不呆板，这些丰富的元素为规矩的花园增添了许多活泼趣味与昂扬的氛围。进入园内，依据由北向南的轴线渐次观赏，一步一景，虚实交互，园林自然景色与建筑景色相结合，可谓蓊蔚洇润又严谨有序，节奏适中，充满了韵律美感与皇家气概。

图 22　宁寿宫花园中的各式建筑

4. 宁寿宫花园的布局特征

兼具皇家园林气势斐然与江南私家园林诗情画意的宁寿宫花园，是一座既规整又精致的园林，两者相糅又不冲突，互为倚重，升华了这座花园的整体艺术价值与审美情趣。宁寿宫花园是一座人工山水园，受选址所限体量偏小，园内占地面积约 5920 平方米，有建筑三十余座，建筑与建筑周围由假山、石桥与游廊相连，南北贯通，总建筑面积约 2300 平方米，南北长约 160 米，东西宽约 37 米，围合成一个狭长的四进院落。花园总体体量较小，布局精巧而不局促，有条不紊、错落有致，有疏朗、有紧密，于细微之处可窥见造园的巧妙构思、精湛工艺。这座花园代表乾隆皇帝的所思所想，有其浓厚的个人境界与色彩。

（1）写仿自然

园林的产生与建造随着人们的生产活动越发频繁也越加兴起。在园林中，人们欣赏自然、融于自然，人与自然相映成趣，不呆板、不烦闷，心情是越加闲逸、舒适、放松、宁静，特有的园林建筑样式为园林景观增色不少，人们置身其中既可游览又可休息，自是一处真正解放身心的自然之所，好不舒展与悠然。所以，自然之美正是园林建造技术与艺术的核心所在、价值所向。

宁寿宫花园写仿自然般的自由式构图不一定要求中轴对称，哪怕是在皇家园林中，也没有那么严格的对称式建筑布局，显得皇家园林不是那么刻意，而是随意与惬意。乾隆皇帝数次下江南，将南方精妙绝伦的私家园林悉数搬入规矩的皇城中来，通过互相的起承转合，这座园林成为乾隆皇帝心中所向往的那样，将大自然悉数搬入，得当运用自然的山山水水、花花草草，将江南园林的精与散巧妙地嵌入紫禁城中，让它偏安一隅，得以展现自身的园林之美。

应该说，宁寿宫花园是在拥有南方私家园林的精致中又带出了皇家本身应有的气度：她一点也不小家子气，她是个贵气的大家闺秀。虽是一座花园，然而它处于紫禁城中，又与周围峥嵘轩峻的宫殿建筑完美协调，本身精致又自带雍容华贵之气，符合紫禁城高贵的身份与肃穆的气度。置身于宁寿宫花园中，最大的感受就是亲近大自然、回归大自然，将自然的美留于心中，洗涤心灵、陶冶情操，虽由人作却宛自天开。这是一种精神上的追求，更是一种精神上的享受，是桃花源，是乌托邦。而这，正是乾隆皇帝想要的，他在高位已久，想让被桎梏的思想在这里得到放松。他渴望在宁寿宫花园里像一位大隐隐于市的文人隐士那般过着潇洒、隐逸、自由、悠闲的生活，享受荣华富贵，修行情操心性，做一名志存高远的富贵闲人。

（2）因地制宜

在紫禁城中，宁寿宫花园的地理位置比较特殊。在一众高大巍峨的宫式建筑群中，它位于一块长方形区域，周围被大体量的宫殿建筑包围，北侧与西侧依靠高约 8 米的宫墙，南侧与东侧围合的是高约 4 米的院墙。宁寿宫花园东侧一墙之隔为宁寿宫区域的养心殿，殿座紧密地围靠在东侧院墙边上，布局紧凑。院墙相较于宫墙更为矮小，而且花园与养心殿仅一墙之隔，一墙外的养心殿好似紧紧依靠在花园东边，就围墙来说，宁寿宫花园是被西北疏朗高大、东南紧密矮小的狭长墙体合围起来，西高东低、北高南低，周边建筑环境较复杂。宁寿宫花园建筑布局的最大特色在于其因地制宜。

　　宁寿宫花园的大门入口在花园的最南侧,由正南方向向花园内眺望,就会发现花园里遍布茂密植被,亭台楼阁各式建筑分散其中,由一条南北的轴线连成一片,一派紧致详密、蓊蔚洇润的样子,湮没了宫墙,突出了花园的主体特色。

　　进入花园,由于西侧宫墙的高大,建筑物必然不能渺小,否则宫墙大于花园建筑,使本来不够开阔的环境在墙体的压迫下显得越加紧凑。于是,花园在西侧布置的都是大体量建筑。由北向南,先是在最东侧依宫墙堆叠了较大面积的假山,置零星植被,植被的高矮不一,丰富了假山的山景;然后往北去建有重檐的禊赏亭,攒尖的宝顶突出宫墙高度,从高度上与宫墙相持;再往北去就到了第一进院落的末端,在此也设置了一座小假山,假山之上建造了一座单体建筑旭辉庭,高度与禊赏亭相似。至第二进院落,此为一套规整的三合院,房屋高度与整体院落环境协调,故院内西配殿的高度不及周边建筑。从第三进院开始至第四进院结束,在东侧宫墙均建有二层楼式建筑,三进院为一字形延趣楼,四进院为直角形云光楼,高度相平,建筑样式各异。在宁寿宫花园的东路一侧,为不被高大的宫墙湮没,设立了大体量的建筑。为避免乏味或置假山或丰富建筑样式,不是一味追求高度,高低起伏避免单调,尽可能地表现出宁寿宫花园多姿的内景,又与高大的宫墙相互协调,融为紫禁城一体,富于建筑趣味(图23)。

图 23　宁寿宫花园内云光楼后檐墙背倚西侧宫墙

　　宁寿宫花园西侧院墙设置的建筑体量相较于东侧小得多。背西院墙，从南侧开始首先建筑的是在一座小假山上的小亭子撷芳亭，小巧玲珑。此处山的置景与南侧、东侧的假山遥相呼应。往北去又是一座小体量的硬山建筑抑斋，在它的北侧堆叠了较大面积的假山，郁郁葱葱地围绕在院墙的周围。再往北去是第二进院落小体量的东配殿。接着到达了第三进院落，在此建造的是形制比较特殊的三友轩，体量在所有第三进院落中为最小。通过北侧假山与萃赏楼的值房连接，直至第四进院落的末端，逐渐以假山收紧。在宁寿宫花园的西路一侧，依次建造了小体量却造型各异的单体建筑，用假山与绿植增加园林的观赏性，与院墙周边其他的建筑融为一体，由西到东、由高到低，和谐过渡，形成了宁寿宫区域整体的建筑风貌，自然、融合又突出了园林的美感与趣味（图 24）。

图 24　宁寿宫花园内遂初堂东配殿后檐墙与东院墙相交处

（3）由表及里

北京紫禁城是中国最大的官式建筑群，是我国古建筑工艺与技法集大成者，它最大的特征即最显著的特征是以封建礼制为理论指导，以官式建筑术书为执行依据，形成皇家审美特色，用丰富的建筑元素表现出来，这是紫禁城宫殿建筑的外在特征。这座高大、巍峨、贵气的建筑群具有的内在特征，是由内而外从骨子里展现于世人眼前的，即根植于中国深厚的历史底蕴与源远流长的文化内涵所渲染出的气质与风度。

中国人的审美历来是含蓄且内敛的，低调而不过分铺张。这种审美情趣体现在建筑中就是一种有节制且不张扬地渲染建筑元素与色彩的表现力。在中国的封建社会，儒、道、佛三教并存，无论朝代如何更迭，这些宗教文化的发展只不过是此消彼长。每一个朝代的统治者和上层贵族都较为推崇儒家思想，为的是以思想为武器，从根基上统治一切、稳固国本。在儒家思想的仁、义、礼、智、信的影响下，社会逐步发展与稳定，当时的文人士大夫之流有文化、有理想，往往会在国家利好期入世为官，为国为民满足自己的一身抱负，使自己成长为一个有美好愿望的完人。文人墨客在国家政治环境稳定时必然要入世，效仿孔儒为政以德、天下为公。然而，当国家处于动乱时期或政治斗争处于混乱状态，这些文人士林的抱负得不到施展，反而被压迫、被流放时，他们会毅然决然选择出世，避开纷争而寄情于山水之中。也许是大隐隐于市，也许是小隐隐于野，文人们像真正的隐士保持高洁的精神追求，韬光养晦过着隐逸的生活。待社会环境稳定后他们再次入世，施展自己的抱负，为国家的政治稳固贡献自己的才华。

乾隆皇帝自诩为文人士林中的一员，同样心中有高大的志向与高洁的追求，作为天下共主，他有着紫宸之志；当他认为自己执政功德圆满时，功成身退的他向往的是像一个真正的文人那样生活。乾隆皇帝在修建自己的养老场所时，不仅在意其私家园林的美学表达与赏析趣味，更加在意的是归政与归隐后的隐逸生活的体现。将自己的审美情趣映射到园林建设中，是乾隆皇帝自己心中的梦想所在，是自己将自身比拟为大隐隐于市的隐士，一生追求高洁的文人风骨与出众的艺术品位。建造一座自己最为得意的园林就是这种文人雅趣最好的体现方式。

（4）构图丰富

在宁寿宫花园中，处处体现着园内建筑与自然风貌的统一。虽然花园地处严肃的宫闱之中，但是江南园林秀美灵动的气质很好地融入大体量的园林建筑之中，彼此间和谐有序，堪称官式建筑与江南园林的完美协调与融合。

在宁寿宫花园内匠人们合理又精妙地运用山、水、植物与建筑将院内建设成一个大景区。其中又分散着许多小景区，自成一景。受地理位置所限，宁寿宫花园的布局相对局促，想在小地方置景大山、大水、大植物不现实。因此，在花园中使用建筑的起承转合，依靠花园的环境特色分别置景，化整为零，建造出几个小景区，使人观赏游玩时不会对南北一条轴线感到单调，而是在游览的路线上多设置几处景点，一步一景，步步皆景，令人感到别出心裁，具有别有洞天之效。

在进入第一进院落古华轩区时，并不能看到宁寿宫花园的全景。入口处，近处太湖石堆叠的假山掩盖了花园的内景，周围遍植的花草树木增添了园内的自然之感，丛林掩映，远处的建筑隐约中露出一角，令人想一探究竟。欲扬先抑涉山成趣，入园不见园景，沿着假山小路曲径通幽，园内景色如画卷般徐徐打开，先藏后露，豁然开朗，园林美景尽收眼底（图25）。第一进院落是山包院设置，中心建筑古华轩是一座敞轩，建筑与周围的植被相互交融，被四周的假山包围，仿佛置身于山野之中，自然元素表现得突出，整个建筑布局与环境是比较疏散与放松的（图26）。站在院落中央，四周多是假山与植被，疏朗开阔，会有心旷神怡之感。

图25　宁寿宫花园入口处曲径通幽

图 26　宁寿宫花园古华轩区四周假山与植被

　　第二进院落遂初堂区与第一进院落以垂花门连接。此处应是第一进院落园景高潮的尾端。第二进院落是一个中规中矩的三合院，是宁寿宫花园最朴实无华的地方（图 27、图 28）。遂初堂区在第一进院落与第三进院落的前后围合之下，前有水、后有山、绿荫环绕，犹如山野中的世外桃源，亦如乾隆皇帝所渴望的那样，作为一名隐士在此过着自由与悠闲的生活，正如遂初堂的名字，不失始志，得遂初心。整个二进院落起到承上启下的作用。第一进院落是一个疏朗开阔的园林景色，是宁寿宫花园中第一个园景高潮，第三进院落也拥有丰富的园林景色，是另一个园景高潮。在两个高潮之间遂初堂区起承转合，园景高潮在此处稍回落，承托了下一个园景高潮的到来。

图 27　宁寿宫花园遂初堂区院落

图28　宁寿宫花园内遂初堂正立面

　　第三进院落萃赏楼区的园内景色与第一、第二进院落大有不同。通过遂初堂北侧隔进入第三进院落，抬头只见山，不见建筑，更不能将院内所有景色一览而尽。萃赏楼区是院包山设置，院中央堆叠了大体量的假山，假山四周随环境置各式建筑。此院落给人的观感是建筑布局严密紧凑，与第一进院落的疏朗开阔形成鲜明对比。待进入园内细细品味园中各景，就会发现无论是建筑造型还是假山形态，都于细微之处增添了许多巧思。院落中心的假山不只是简单地堆砌在那里。假山之下，设置不同方向的石踏步及洞内隧道供人穿行。进入山内可发现假山下的路径四通八达，可走入游廊直至三友轩；可钻山入洞直驱中心建筑萃赏楼；可从假山的僻静小径出去，忽见延趣楼耸立，别有洞天（图29）。假山下的空间虽紧凑，但游览路径安排得细致、顺畅，趣味盎然。顺着假山拾级而上，假山之上一片开阔地带，只有一亭、一石桌、几座石凳，于高处极目远眺，饱览自然风光，赏心悦目（图30）。第三进院落是山包院设置，下紧上松、张弛有度、上下连接、收放自然，令人游览得尽兴又畅意，此为宁寿宫花园园景的第二个高潮。

图 29　宁寿宫花园萃赏楼区假山下一隅

图 30　宁寿宫花园萃赏楼区假山上一隅

　　第四进院落符望阁区即宁寿宫花园的最后一进院落，是这精彩园林景色的收尾。虽是花园末端，但是符望阁区的景色一点也不逊于其他几处。它是整座花园的园景最精彩部分（图31）。第四进院落的中心建筑符望阁是花园中的最高点，阁内迷楼般的建筑设计与奢华装饰，使建筑看上去美轮美奂、华贵无比，令人着迷。第四进院落的建筑样式是非常丰富的，碧螺亭其五瓣梅花亭的设计既展现出建筑设计的巧思，又表现出建筑建造时的高超技艺（图32）；竹香馆里外贯通，建筑与环境相洽，茂林修竹的意境深远。第四进院落符望阁区虽是宁寿宫花园的最后一个区域，但园林景色不见颓势，反而在建筑与自然元素的运用上越加成熟与精妙。游览至此，好似园中美景千变万化、无穷无尽，使人观之又观、回味无穷。

图 31　宁寿宫花园符望阁区

图 32　符望阁区的碧螺亭

　　宁寿宫花园构图的丰富还体现在造园手法上的应用，框景、障景、对景等构景手法不仅增添了花园造园元素的趣味性与观赏性，而且提升了园林的美学价值与审美体验。第一进院落的东北角是一片假山，体量不大，山势延绵至门口曲径通幽处。受地形所限，假山没有在本身做更多的变化与造景。乍一看，

此座假山好像平平无奇，仅为园内一隅自然风光，好似只是起承托假山上承露台的作用，然而，站在古华轩向东侧望去，映衬着古华轩华丽的大漆描金隔扇，假山就像镶在金箔画框中的一幅水墨名画，自然风光尽收眼底，在华丽的外表衬托下更加突出内里的精髓，取自然风景中的一段精华山色框入画中，谓之框景（图33）。除此之外，花园入口处曲径通幽的假山设计为典型的障景手法；古华轩区最高承露台与萃赏楼区假山高处的耸秀亭之间互为对景，登上院落的最高点相对眺望，美景尽收眼底。宁寿宫花园中的造景手法多种多样，运用得当、各有千秋，各处的景色别有新意，审美情趣十足，更加增添游园的趣味性与观赏性。

图33 宁寿宫花园中的框景

五、总括

北京紫禁城中的宁寿宫花园，是乾隆皇帝的私家花园，是一座集皇家园林官式制度与江南园林造景技艺于一体的园林建筑群，是一座中国特有的皇家江南花园。这座花园在巍峨严谨的皇宫中，借鉴、运用与糅合了江南园林的各色造园手法，在皇家礼法的桎梏下，有序而又巧妙地布置并再现了一个园林建筑群落应有的轻盈、灵动与精美的建筑意境与特色。

经济基础决定上层建筑，南方的达官显贵、文人墨客们在经济富足的前提下寻找一片气候条件适宜、地理位置优越、文化活动兴盛的土地来建造他们属意的园林，令他们心仪的桃花源。

影响园林建造的因素有 4 个，即思想因素、个人因素、经济因素、环境因素。思想因素包含政治思想和人文思想，与当时的社会发展状态息息相关，有时还与宗教思想有着千丝万缕的联系；个人因素指的是建造园林的匠师、拥有者和使用者自身的审美也影响园林建造；经济因素既包括当时社会的经济发展状况，又包括园林建设者个人的财力状况；环境因素是指园林的位置、气候、风水及地质情况以及周边的环境布局情况。乾隆时期以前的清朝是一个比较强大、繁荣的封建王朝，当时的政治大环境比较稳定，利于大兴土木。宁寿宫花园的建造时间正处于"康乾盛世"，宁寿宫花园的拥有者、当时的帝王——乾隆皇帝是一个自诩拥有文人雅趣的隐士，在清朝经济比较富足的情况下，在乾隆皇帝个人热衷追求士林精神的情况下，考察了紫禁城的建筑环境，最终选定了宁寿宫区域的西路作为花园的载体。这是因为乾隆皇帝在退政归隐后希望在宁寿宫一区过自在的"退休生活"，那么，在安逸、休闲、高雅为主的生活环境中建造一座自己的花园，就是理所当然的事情了。

宁寿宫花园作为乾隆预设的老年倦勤之所，其园林精雕细琢，多出神妙之笔。这座建于乾隆盛世的花园不仅在造园技艺上达到清代皇家造园前所未有的高峰，而且在思想性、艺术性方面体现出的浓厚的文人情趣和仕隐两兼的超然思想也是以往皇家园林中极为少见的。因此，宁寿宫花园亦堪称内庭禁园中的文人园。乾隆以包容天下的胸襟和超然物外的心境，刻意模拟一个汉族文人"小宇宙"。他将平生的志向、归隐的理想、对天下的祈愿及其对艺术、佛教的浓厚兴趣，以古今同物、用典题铭的方式立体地展现给后人，多侧面地反映出既雄才大略又超然物外的汉族文人领袖形象。其实质是，以造园的方式，再次提示其"内圣外王"的品格和"礼乐中和"的儒家治平思想的践行。而乾隆造园正是在这一"礼乐复合"的过程中被推至历史高峰。[5]

宁寿宫花园是一座南北造园风格融合的园林，具有高超的建筑价值与斐然的艺术成就。它以一条南北向轴线为主，由南向北贯穿全部区域，又用4条东西向轴线依次分割为4个相对独立的小院落。南北向轴线与东西向轴线相交，串联成一座整体的宁寿宫花园，既规矩、严谨又不失自然活泼。纵观宁寿宫花园这座整体景色，这个大景区内的几个小景区不是孤立存在的，而是由陆空两路相交连接起来，地面的游览路线与空中联动，充满意趣。在游园进行中，它的游览动线相对笔直、明朗，一进院经过曲径通幽后豁然开朗，经过二进院的过渡之后，动线开始变得迂回曲折，至三进院上天入地，直至第四进院来到建筑的最高点，也是园林游览的最高潮部分，空间的组合带给游览之人娱乐与赏景的双层享受。宁寿宫花园的造园元素丰富结合使景色的变幻虚实交接、错落有致、一步一景、步步皆景。人们转过一座建筑，突然出现一景，用山石、用植物或用室外陈设造景，越加使人游览兴趣浓厚。花园内一个个分散的景点由假山、石桥、植物或游廊连在一起，不拘一格，构成一个个大的景观院落，再由南北纵深的轴线将每一进院落串联成一个整体的园林景观。

宁寿宫花园由南向北有序排列，园林置景由低到高、建筑布局由松到紧、景色密度由疏朗通透到细密昂扬，花园的建筑节奏是有序的、是渐进的，是松紧有度的。园林内的景色不是一成不变、一蹴而就的，而是通过内部空间的叠次处理逐级递进，达到一层又一层渲染、渐变、灵动的变化效果，景色前后左右相连，上下贯通，既连绵延续又千变万化，似万花筒般给人以无尽的遐想空间，表现出宁寿宫花园卓越的美学价值与审美情趣。宁寿宫花园在建园造诣上真正做到景中有景，园中有园，完美诠释皇家园林与江南私家园林的精髓之处，不愧为紫禁城中的瑰宝、园林中的精品、中国古建筑优秀的文化遗产。

中国园林的发展史漫长且繁杂，时至明清两代，它们是中国园林发展历史的最后一个高潮时期。清沿明制，迄今保留下来的园林多为清代建造。宁寿宫花园是北方皇家园林的典型代表，其建筑在花园中的占比较大，对于园林景色有着重要的加成作用。建筑元素在这座园林中的位置比较重要，园林中的建筑既是观景人心中的景色，又是观景人驻足、休憩、观园林其他景色之所，建筑元素与其他自然元素的结合使这座花园的置景、施工技艺与颜色运用方面相辅相成。无论是皇家园林还是私家园林，或是不同地域的园林，以现存实例来看，园林建筑与园林的关系紧密又和谐，建筑在园林中的作用不可或缺，建筑在园林中按照一定的审美情趣分散排列，用廊、用桥或用山石花木将它们组成一个生动、丰富的整体，与园林整体的建筑环境与功能布局交相辉映、相得益彰。

宁寿宫花园是北京紫禁城中一抹亮丽的色彩，既有别于其他皇家建筑，又和谐地融于紫禁城的威严、肃穆、有序的氛围中，和睦共处于整体，形成严谨而又活泼的建筑风格，大气而又精致的建筑样式，它是一座独特的花园、一座别致的园林建筑群。

从宁寿宫花园退回到整个紫禁城，紫禁城整体布局严谨有序，气势恢宏大气，统治者至高无上的皇权特性在这座皇宫中表现得淋漓尽致。皇权、皇帝代表一切，与自然无关。然而，坐落在皇宫较为偏僻与隐蔽角落的宁寿宫花园似乎打破了这一严肃印象。在宁寿宫花园内，充满了乾隆皇帝的文人士气与归隐雅趣，到处充满了人与自然和谐安逸、美好舒展的气氛。花园内有山、有石、有亭台楼阁，被草、被花、被树簇拥着融为一体，人与自然、与建筑交相辉映的美好意趣尽显其中。

初入宁寿宫花园时，笔者只觉得置身于大自然的水光山色之中，处处是景，一步一景，穿山过廊而来，皆是令人陶醉的美景。时移世易，宁寿宫花园历经岁月的洗礼与历史的积淀，越发显得底蕴厚重、神采斐然。宁寿宫花园是我国不可多得的园林精品，具有极高的建筑价值，确实是一处珍贵的文化遗产，值得我们这些古建筑保护工作者好好地研究与探索。笔者作为一名文物保护工作者，首要任务就是做好文物的保护研究与传承工作，保护好古建筑的真实性与完整性，使古建筑继续保持健康的状态，历经岁月的洗礼而延年益寿，将其所承载的历史价值、艺术价值、科学价值、社会文化价值深深植根于我国深厚的文化底蕴中，作为珍贵的文物建筑以待后人继承与发展。时光荏苒，我们对宁寿宫花园的研究与保护还将继续进行下去。再次回看宁寿宫花园，有一首唐代诗人常建的诗《题破山寺后禅院》映入脑海，这也是笔者初入宁寿宫花园的心情写照即"清晨入古寺，初日照高林。曲径通幽处，禅房花木深。山光悦鸟性，潭影空人心。万籁此都寂，但余钟磬音"。

参考文献

[1] 故宫博物院：导览，https：//www.dpm.org.cn/Visit.html.

[2] 周维权 . 中国古典园林史 [M]. 北京：清华大学出版社，1990.

[3] 冯钟平 . 中国园林建筑 [M]. 北京：清华大学出版社，2000.

[4] 张学芹 .（土木部分）故宫宁寿宫花园古华轩区古建筑保护维修工程设计（图纸）[A].

[5] 程子衿 . 乾隆花园 [M]. 北京：故宫出版社，2016.

[6] 吕小红 .（土木部分）故宫宁寿宫花园遂初堂区古建筑保护维修工程设计图纸 . 故宫博物院 [A].

[7] 黄占均 .（土木部分）故宫宁寿宫花园萃赏楼区古建筑保护维修工程设计图纸 . 故宫博物院 [A].

[8] 杨红 .（油饰彩画部分）故宫宁寿宫花园古华轩区、遂初堂区、萃赏楼区古建筑保护维修工程设计图纸 . 故宫博物院 [A].

[9   程里尧 . 文人园林建筑：意境山水庭园院 [M]. 北京：中国建筑工业出版社，2010.

[10]   太湖石，https：//baike.baidu.com/item/%E5%A4%AA%E6%B9%96%E7%9F%B3/3404918?fr=aladdin.

[11]   黄长美 . 中国庭园与文人思想 [M]. 台北：明文书局，1988.

张家界白羊古刹的空间环境布局初探

张筱林 *

摘　要：张家界白羊古刹建筑群，建设在原大庸古城的白羊山上。古刹最早建筑是武庙，后又建成文昌祠、普光禅寺，集儒、佛、道三教于一体，是一处保存完整的全国重点文物保护单位。本文对古刹建筑群武庙、文昌祠、普光禅寺内部建筑及外部的六十四个景点，用空间环境理念，配罗盘对其空间环境进行勘探、测定、分析，形成浅显的初步探讨。

关键词：白羊古刹；普光禅寺；文昌祠；关庙；空间环境布局；金羊收癸甲木局

　　白羊古刹初步建成于宋末元初，是在张家界原大庸古城的白羊山上，以道教的高贞观为基础，逐步融合儒、佛、道三教之建造仪规、教仪理念、空间环境布局而形成的，相对具有中华传统文化内涵且保存较为完整的综合性寺院古刹。笔者在参与修缮的过程中，参照各寺、庙、观、殿、堂、亭、坊、台、井等建筑的布局和空间环境格局，以本文契合"金羊收癸甲木局"的空间环境态势，做一些浅显初探。

＊宁乡市文化旅游广电体育局行政（副处）四级调研员。

一、白羊古刹概况

本节主要分析白羊古刹的地理位置。

（一）巽龙之脉

湖南省张家界市永定区地处湘西以北，武陵山脉的东起端，澧水河的中上游，东邻慈利县和桃源县，南接沅陵县，西抵永顺县，北连武陵源区和桑植县（图1）。武陵山系横跨连接着贵州、湖南、湖北、重庆四省（直辖市）的山脉体系，源头是云贵高原上的云雾山脉，且为该山脉的延伸段，属中华三大龙脉的南龙巽龙之脉。

图1　张家界在湖南省的位置

（二）癸山丁向

该古刹在福德山下，今子午台上，遵"天平地不平"借顺自然地势而建，坐西北朝东南，位于张家界市区解放路北侧（图2）。该古刹顺自然地势建造，渐次略高，正癸山丁向，坐标为东经110°28′59.7″，北纬29°07′40.3″，海拔163米，始建

于宋末元初，明朝永乐十一年（1413 年）始佛道共存，占地
11601 平方米，建设控制地带 9121.59 平方米，是湖南省保存较
完整的古建筑群之一。[1]

图2　白羊古刹在张家界的位置

（三）易理传承

白羊古刹所在地历史悠久，早在旧石器时代就有人类在这
里繁衍生息，春秋战国、秦、汉时期这里便是兵家必争之地。
从龙盘岗、三角坪、且住岗、宝塔岗等古墓群和古人堤遗址
看，秦朝置黔中郡、后置大庸县、汉置充县、三国置天门郡，
至明朝设永定卫，洪武二年（1369 年）复设大庸县，隶属澧阳
府。1913 年属武陵道，1916 年划归辰沅道，1988 年成立地级
大庸市，1994 年更名为张家界市。整个白羊古刹建筑群始终贯
穿《易经》中象、数、理的原理，从空间、规制、布局、环境、
工艺、营法、朝向、分金、玄武、朱雀、青龙、白虎四神护佑，
均无不融汇《易》之大道，都充分证明该地区的中华文明易理
之脉是连续延绵一脉传承下来的。

（四）六十四景[2]

大庸古城的空间布局与白羊空间环境布局密不可分，白羊古
刹现址在子午台上，北玄武位倚福德山；南朱雀位，现人民广场
是巨大明堂，总山门（图3）正前方广场中央的"五羊元宝"雕

塑便为朱雀位。大庸古城则为案山，澧水河形成玉带缠腰之吉局，成大环外弓形之蓄势待发格局，甘溪河为待发之箭。其总山门正对巍巍天门山大凹山马鞍形地势，为笔架朝山；东有青龙山，也有回龙观、回龙公园，其势如青龙抬头之旺，大有富贵之情；西有白马泉，在望城坡上有白虎山，山势较青龙山低，且似白虎饮泉之格，又有白虎流金的自然景观之壮美；此空间环境确有紫气东升、气势恢宏、繁花似锦、富贵吉祥的大格局。

图 3　白羊古刹总山门

如今的八景为清康熙圣旨钦定，即内八景、外内景、老八景、新八景、崧梁山八景、崇山八景、茅岗八景、三岔八景。卫城内八景合癸龙长生在卯逆行，卫城外八景合甲水甲木长生在亥顺行的十六卦象位，另加上老八景、新八景、崧梁山八景、崇山八景、茅岗八景、三岔八景，共计有八八六十四景，都与城内外围绕白羊古刹的景观融合在一起，分别吸纳"金、木、水、火、土"相生相克之内涵。

二、白羊古刹的沿革和布局

（一）古刹沿革

白羊古刹是张家界目前唯一幸存且集儒、佛、道三教祠、寺、庙一体的寺院古建筑群。它与已毁的文庙、城隍庙、马王庙、崧梁书院和现存的高贞观、武庙、文昌祠、玉皇阁、节孝坊等组成古称"白羊山"的古建筑群。

南宋咸淳元年（1265年），慈利县邑东铁佛寺设僧正司以领诸僧尼，县邑南紫霞观设道正司，邑域始有佛道教管理机构。

宋末元初，在白羊山上建成道教高贞观，为邑域内的道教设立了真武道场。殿后建有玉皇阁，为寺院内三层最高的标志性建筑。

明代，邑域佛教有了较大的发展。明永乐十一年（1413年），永定卫指挥使雍简主持倡建普光寺，同建有大雄宝殿、观音殿、罗汉殿、天王殿、钟鼓楼、大山门、二山门、水火二池、龙眼井、法轮壁等。

明景泰七年（1456年），创建罗汉殿后上方的圆音楼（韦驮阁）。

明末，于高贞观前创建武庙。入清后高贞观道教衰弱，渐由普光寺僧人接管香火。

清嘉庆十六年（1811年）维修玉皇阁。

道光年间，重建关庙，于关庙与普光寺之间的空地处，创建文昌祠，形成文武庙并置、三教合一的格局，佛、道、儒三家香火均由僧人统管。

至中华民国时期，常驻僧侣达近100人，除主持与管理本寺外，还管辖大庸域近百座寺庙，湘、鄂、川、黔数省近千名佛教徒在此摩顶受戒，故有"江南名刹"之誉。

1959年被列为湖南省重点文物保护单位，2013年被国务院公布为全国重点文物保护单位。

（二）空间环境格局测评

总体布局：白羊古刹古建筑群借天不借地，依山就势而建。共分三大开七进，总平面布局以文昌祠的中轴线为中针，左右对称平分（图4）。

图4　白羊古刹意境图

　　总山门与武庙为偏东南，是坐西北偏东南的癸山丁向，文昌祠与普光禅寺同轴线，两者相差仅九度。

　　白羊古刹汇聚儒、佛、道三教于一体，虽分三个时间段三座殿建筑而成，然其基本立向确定为癸山丁，坐癸水地磁度十二点五度，丙子分金，旺气脉，女宿八度合黄道吉。朝丁火地磁度一百九十二度五，丙午分金，相气脉，柳宿十度吉。"先将子午定山冈，再把中针来较量，更加三七与二八，莫与时师论短长。"

　　白羊古刹选址为背负子午台（福德山、白羊山）、面朝天门山。寻来龙远祖起于回龙卯甲，延绵而至近祖子午台，子午台在癸丑、壬子方，此乃生旺之龙也。"寻龙千万看缠山，一重缠是一重关，关门若有千重锁，定有王侯居此间。"

　　白羊古刹明堂开阔，广场南侧风光带绿树成荫（原大庸古城），呈案山之状，朝山天门山宏伟壮观，广场西南角未坤申方有出路蜿蜒而去，似水有情而入未方。

　　整个布局分三开七进布局，平面分左、中、右三路以道观、文庙、禅院依中华文化的主脉。

　　总山门与三路建筑虽不在一条轴线上，但测得朝向是一致的，正对朱雀位的五羊和天门山的凹马鞍位，符合规制和空间环境布局的基本要求。

　　文庙（文昌祠）居中，以孔文昌、中庸思想为主，设三楼一门二牌坊，横立九开，牌楼为五，寓九五之意，供拜九八之尊的大成至圣帝，正针癸山丁丙子分金。中间为文庙，最后建于道光年间，因场地狭小，仅建有庙和节孝坊及供奉九八之尊大成至圣帝的文昌殿，与普光禅寺同分金。

右路是普光禅寺，为乾隆御赐题匾的高规制寺院，五开七进，与文庙同向，女宿向柳宿。虽为主管主营寺院，但营造规制极为讲究，其建筑、形制、工艺、规矩等都没逾越空间环境的格局和营造法式。

左路为高贞观，始建于元代初。之后玉皇阁始建于明永乐年间，武庙则在清初所建，且玉皇阁的玉皇为九九之尊，高贞观三清均为九八之尊，楼层、地势、地位都高于关帝庙，故武庙以庚子分金，与文庙、禅寺的丙子分金相差九度的夹角，但仍在癸山丁向格局之中。

白羊古刹平面布局图如图 5 所示。现存的白羊古刹包括大山门、二山门、钟鼓二亭、大雄宝殿、罗汉殿、圆音楼、观音殿、玉皇阁、高贞观、武庙、牌坊、文昌祠（遗址）。

因有"入寺通道""后山通道"补角，故白羊古刹总体布局原则上是不缺角的，文昌与吉星齐全高照。

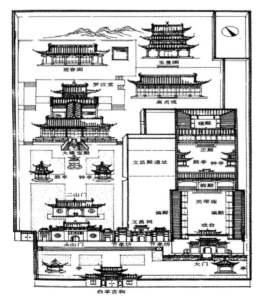

图 5　白羊古刹平面布局图 [3]

空间环境布局考定：白羊古刹从空间环境布局是经过周密思考踏勘定格的，以儒家文化为主导，融合道家文化、佛家文化于一体，如沐春风，阳光普照，月洒清辉，万物化育，生生不息，吉耀地方。

（三）白羊古刹空间环境述言

白羊古刹的空间环境是依穿山透地的应用的典型范例，总体采用正针，穿山七十二龙和透地六十龙格龙乘气，定向坐穴的地理术，大多用长生法，而九星属于八卦之例法，即专用于八卦和二十四山定向布局的应用大法。古刹的空间环境则以二十八宿中女宿和柳宿的黄道吉，再加上三七和二八吉度分金，以确定儒、佛、道三教三殿三路的具体划分和环境格局。

白羊古刹环境主要包括白羊古刹古建筑群院落内和院落外的历史环境两部分。

其一，院落内的空间环境：指对于简述白羊古刹古建筑群的历史格局和氛围具有重要意义的院落边界、空间形态、植物及小品景观、地面铺装等。院落边界：白羊古刹古建筑群现包括普光禅寺、高贞观、武庙、文昌祠四处院落，院落之间布局紧凑，经过数次兵燹及其他人为和自然破坏后，院落范围至今基本延续元至清代历史范围。

其二，空间形态：白羊古刹古建筑群由南向北沿地势渐次略高，空间序列也按"前导空间→主体空间→附属空间"由南向北推进。其中前导空间是指位于普光禅寺、文昌祠和武庙大山门之前的入口缓冲空间；主体空间包括普光禅寺、文昌祠、武庙、高贞观院落内的古建筑及古建筑之间围合的庭院空间，其按宗教信仰儒、佛、道三教教义、规制分别设置于建筑群的中路、西路和东路，主要用于宗教及僧众修行；附属空间是僧众的生活空间。地面铺装：白羊古刹古建筑群内的地面铺装（含护栏、靠山石）主要以当地的白羊石为主。

综上，白羊古刹价值丰富、突出、珍贵。

白羊古刹古建筑群作为湘西地区宋、元、明、清各代宗教建筑的集大成者，不仅保持鲜明的时代特征和营造风格，而且带有浓烈的当地土家族等多元化的地方民族建筑特色，是研究湘西地区古代宗教建筑风格及其特点演变历史的重要实物资料。

白羊古刹古建筑群成为儒、佛、道三教并存的古建筑群是佛教中国化的结果，是研究明代以后湘西地区佛教与儒教、道教融合发展及和谐演进历史的重要实物依据，同时其作为湘西"寺观祠坊一体，儒、佛、道武合流"的古建筑群，体现了当地对宗教文化和建筑文化的包容性；白羊古刹作为湘西地区供奉僧系佛门五宗之临济宗的寺院，对研究佛教宗派的传播历史和地域划分具有重要意义；白羊古刹古建筑群内的古建筑及其木雕、石雕、彩绘等，汇集了湘西各民族文化艺术之特色，呈现出多元化、本土化的典型特征以及独特的艺术魅力。

大雄宝殿经过周密设计而呈现出的"风扫地"和"月点灯"奇特现象，对研究中国古人将风学和光学在古建筑中的运用方式具有重要意义；罗汉股和圆音楼"柱曲梁歪屋不斜"和"正视斜看各相异"的做法全国罕见，这种匠心独运的建筑结构和奇特造型对研究中国古人将力学和透视学在古建筑中的运用方式具有重要意义。同时，其"焚香防虫"的建筑设计手法，巧妙实现了形式与功能的完美结合。

（四）白羊古刹话吉羊

白色的羊亦为圣洁、吉祥之大善。白羊古刹因有白羊，因有白羊山，因有白羊山出了黄金，因白羊的神圣和吉祥，始有白羊寺。

白羊古刹先供奉玉皇大帝，随供三清道祖，后又供佛祖，再供大成至圣文宣王，文昌帝君，且寺有白羊石，白羊满靠山，故至今总山门匾仍为"白羊古刹"。

《易经》以正月为泰卦，三阳生于下。冬去春至，阴消阳长，有吉祥之象，故以"三阳开泰"或"三阳交泰"为岁首以为吉祥之语，寓大吉之兆。

白羊古刹内外增加了"白羊"的亮点和寓意。在正对总山门上的轴线上，朱雀位塑立一尊五只"白羊"与"金元宝"相融的雕塑（图6），作为朱雀方位缺少的"朱雀"神位主构造建筑，羊为吉神，欢腾跳跃，体现出"朱雀要起舞"之象，更喻示地方人民财源滚滚，财运亨通之状，财星吉兆。五羊寓意极具团结精神，秉持"精明勤奋，品质为先；奉献竞争，优质服务；诚实谦虚，发展核心；开拓创新，品牌发展；天佑有道，厚德载物"的中华优秀传统文化的发展理念。

在古刹内则在文物修缮中恢复了废失的六十盏四羊头为宝顶的白羊石宫殿式方形宝灯（图7）。灯盖饰四只白羊头分朝四隅，《易经》八卦中分别为东南、西南、东北、西北，《尔雅·释宫》中曰：东南隅谓之窔，西南隅谓之奥，东北隅谓之宧，西北隅谓之屋漏。先天八卦为兑、震、巽、艮，意为"天地定位"；后天八卦为乾、坤、艮、巽，意为"万物出乎震""物之有四隅者，举一可知其三"。四隅为阴阳转换的周期点，巽位为黄道冬至点，乾位为黄道夏至点，艮位为黄道春分点，坤位为黄道秋分点。六十盏灯，甲子之恒。其灯盖正中圆柱宝顶，即借以"天圆地方，天有九柱支持，地有四维系缀"的教义而选。宝灯通高1169毫米（合丁、财旺）、宝盖四边长579毫米（合义、天库），宝顶高126毫米（合旺、纳福），底座为观音覆盆莲花座，为九色莲台，是法器和护法宝物。宝灯尺寸均合鲁班尺吉数。现在的灯有灯乐自控而明响，"帝张四维，运之以斗，月徙一辰，复返其所"。

图6　朱雀位五羊元宝雕塑

图7　古刹六十盏白羊石宝灯

三、白羊古刹儒释道三教避凶化吉理念

　　白羊古刹儒、佛、道三教的古建筑群，是在不同时期逐步建立起来的，营法各不相同，形制不一，工艺有异，所尊崇的仪规、规制也不统一，特别是趋吉避凶的化吉理念更是不一，且有分有合，有搭有混，但在《周易》理念的融汇，立向定位的依据是基本没有变的，笔者拟分别进行简要的介绍。

（一）武庙（道观）

　　道士把自身修行作为修道最重要的一部分，为了更好地达到道法自然、天人合一的境界，往往会选择远离尘世喧嚣的地方进行修行，追求的是平和的意境和心境，以更好证道。

　　俗话说，山不在高，有仙则名；水不在深，有龙则灵。自古以来，中国许多名山大川中都有历史悠久的道教庙观。道教认为，道乃宇宙生生不息之本源，其能量无穷无尽。自然界之发展乃遵循"道生一，一生二，二生三，三生万物"的自然规律。他们尊奉老子、张道陵等，建庙求仙，自己修行，使之长生不老，所以在庙宇建筑设计时都要求在深山中，选择天然胜地，利用人为与自然结合的设计手法，划时代的建筑，不墨守成规，做自由式的布局，有大有小，远近不一，高低叠错，楼台殿阁建造其间。这样一来，好像仙山楼阁，仙人要在这里下凡，或者作为迎接神仙的佳境，所以道教建筑绝大部分如此，选址尽力在山路难以攀登的山顶或山怀之中。

在山中或高山顶建造庙观，主要目的是登高望远，这里视野开阔，适宜僧人道士进行修行；环境幽雅，远离喧嚣世尘，信教者要六根清净，首先就要脱离尘俗才算是敬神，与世隔绝能潜心修炼。从神灵的角度看，造庙观于高处，有居高临下、超凡脱俗的含义；庙观在高处界于天地之间，有利于吸收天地日月之精华，离天庭越近，寓意向神灵靠近。

道教认为在洞天福地的人间仙境可以寄托一些理想，所以道教在山上建的道观大多数都是依照山体的走势，与大自然融为一体，真正做到天人合一。因此，道教庙观自身的建造也同样注重选址，高山大川因为常有上好的空间环境走势，形成山形磅礴、环抱灵气之地。

白羊古刹的道观原建在深山密林之中，背靠白羊青龙山，前面临澧水，是空间环境俱佳之地。北靠青福德山（白羊山），冬可挡住凛冽的寒风，夏可适迎清凉的南风；前临奔腾的澧水河，则提供必需的水源；深山密林又提供了清新的空气。还有青龙山、白虎山相护，如此山清水秀的自然环境，使生活在此的人心旷神怡，而坚实的白羊山岩石层地基又使建筑物可历经数百年而不倒。

武庙始建于明末，比元初建的高贞观、玉皇阁晚373年。总山门上七级台阶进武庙前坪，上五级台阶进玄水门，又上十三级台阶进普光禅寺，再上十三级台阶到高贞观台下，还上十一级台阶进高贞正殿，仍上七级台阶到玉皇阁。入清后高贞观道教渐渐衰弱。

武庙正山门（图8）：三级白羊石台阶进正山门，双拱玄武重拱门；一般设三山门即为石砌的三扇拱门，三个门洞象征养

"三界"，跨进山门就意味着跳出"三界"，进入"神仙洞府"。单门可说是"神仙洞"或"玄水门"。门上两侧图为青龙、白虎门神，山门两侧有雌雄两狮相护。另外两山门，东侧对院外单拱门"护国佑民"的礼路门，西侧进内院单拱门"履仁蹈义"义路门，均为石拱门，上有简单青瓦门楣和双堪壁假垂柱。

图8　武庙正山门

　　武庙内戏楼：规制与平常文庙、祠堂相似，四周封火高墙，形成四合院的格局。戏台前缘挂落为双凤朝阳图，双侧立柱为双狮托天的雀替，四边藻井下方罩群挂落为六方雀替，下边戏台围栏为暗八仙法器雕刻版图。戏楼顶中为四爪金龙施行法雨图藻井，藻井按先天八卦图分布的八仙，也以暗八仙法器苏式彩绘排列仙位。

　　高贞观系宋末元初建筑，有典型的唐宋建筑风格，是中规中矩的癸山丁向甲木长生之空间环境格局，正应金羊收癸甲之灵局。与玉皇阁同向，与武庙有九度之别。高贞观是张家界道家之观，占地长达27.4米、净宽11.4米、道宽21.4米，其建筑类型为单檐歇山式峰顶，脊栋底下攀间，驼峰与同梁、柱基与木柱间平质板，全部用大斗拱托梁枋下垫特大雕花角脊，殿内有两根象征方土、方木的全栓，殿后有两根檐柱与柱础之间承垫一块厚约 3 厘米的饼状木质侧脚板以散发上升的潮气，降低立柱直接受潮系数，同时调节各立柱之间立柱平稳的侧角系数，沿袭了唐宋建筑的营法和特征，是整个古刹各殿都无可比拟的。高贞观内供"三清"道祖佛像。"三清"为道家最大神。在其中元始天尊又为道家顶尖道家赞颂为道门第一高手，是天地宇庙起源之本原。灵宝天尊是道家第二高手之神。道德天尊（太上老君）居第三把太师椅。"三清"主要是指他们住的三清天与三清境，负责三天仙界。

道观独具特色，名扬远播，建于 750 多年前，当时这里山林茂盛，古木参天，三合派太师认为白羊山（福德山）"北有玄武龟寿高"；古大庸卫城"南有朱雀出凤凰"，还有澧水做明堂、玉带；青龙山"东有青龙庆吉祥"；望城坡有白虎山"西有白虎守四方"；是一处大好的空间环境灵居之地。道家也认为"青龙盖白虎，代代有文武""坐山向水，长命富贵"，门对天门山，"远看千山万水"，恰好该地有太师椅之势，正合"地势圈椅形，一发财二发人"。时至明永乐年间，果然出人发财，驻永定卫指挥使雍简，在白羊山上，看到一群洁白可爱的白羊，心喜吉祥便带人追逐未果，白羊钻入地底的白色石土中。雍简非常惊讶，即让人挖开土壤，却发现土中有一堆黄金，因此用这些黄金在出黄金处建起高贞观和玉皇阁。其空间环境以丙子旺气、庚子正气、丙午相气格龙而立向定位，正好应合"金羊收癸甲局"。

玉皇阁（图 9）与高贞观建于同时代，清嘉庆十六年（1811 年）维修，2016 年重修，为三层三大重檐歇山顶建筑，高 14.6 米，比整个古刹所有建筑的地势、通高都高出很多，寓三十三重天的最高天神。其建筑也很有特色，借天不借地，天平地不平，柱歪梁曲屋不斜，正看斜视随心意，楼内楼外各不同。采用月梁，檐角高翘，下系铜铃，玄梯曲榭，壮观秀丽。

下层供奉的是五岳神和道德祖师，上层是玉皇大帝及金童玉女。玉皇大帝正襟危坐，威严三千，唯我独尊，是整个道观和白羊古刹的制高点，大有"坐到云里看天下，天下尽收吾眼底"之势，东门坪、官黎坪、永定城、大小街巷、高山河流尽收眼底。这里还是古刹空间环境立向的中心点，九星布局为破军位，大有君临天下，恩威并济，天纲地纪，天规地律，经天纬地，青龙护卫，白虎助力，旺气位灵，玉皇居之，必乾坤德配，天地分明，所相恒常、风调雨顺、国泰民安。

图9　白羊古刹玉皇阁

（二）文昌祠

文昌祠即文庙，是纪念和祭祀我国伟大思想家、政治家、教育家孔子的祠庙建筑，在历代王朝更迭中又被称作文庙、夫子庙、至圣庙、先师庙、先圣庙、文宣王庙，尤以"文庙"之名更为普遍。文昌祠又名文昌宫、文昌庙，伴建奎星楼，主供文昌帝君，孔子为大成至圣文宣王，也是文昌帝君。老子、关公、吕仙、张浚都是五文昌之一，张浚为人世间最后一位（第十七世）文昌帝君。文昌祠牌楼如图10所示。

图 10　文昌祠牌楼

　　由于孔子创立的儒家思想对维护社会统治安定所起到的重要作用，历代封建王朝对孔子极为尊崇，从而把修庙祀孔作为国家大事来办，到了明、清时期，每一州、府、县治所所在都有孔庙或文庙。其数量之多、规制之高，建筑技术与艺术之精美，在中国古代建筑类型中，堪称最为突出的一种，是中国古代文化遗产中极其重要的组成部分。《中国建筑史》中指出，文庙建筑规制、形制基本一致，只是大小不同，泮池不一，县级文庙泮池为月牙形，无桥；州府为半月形一座三孔蓄势待发石拱桥；皇家为圆月，三座三孔桥。

　　文庙的建筑一般都坐北朝南，整个建筑群以影壁（又称照壁）、大门、泮池、三孔石拱桥、棂星门、大成门、大成殿、崇先殿（又称后殿）等组成。每殿之间相隔数十米，逐层叠建，均建在一条南北向的中轴线上。其次还有大成殿左右两庑和大门前两旁设有东西两门，东称孔门（又称礼门），西称义路。大门多以三开间分中门为正门（又称大成门），只有本地出了状元方可开门，否则只能男左女右从两侧孔义门出入。大门共有六扇，朱扉金钉，每扇门三排十八根金帽铜制钉，每张门三十六根，三门共百零八根。帽钉为制式，是文庙威严、气派、浓厚、庄重的象征。义路侧边竖一石碑，上刻"文武官员至此下马"。

文昌祠于道光年间创建，虽在武庙与普光禅寺之间，占地较小，建造时间最晚，但总体上遵循中华民族的传统文化精髓，坚持中庸、天道、营造法式等基本原则。主体门楼、牌坊合体为一门两牌坊九开间，以文昌为主题，以节孝为倡明。

文昌祠前的左右两座节孝牌坊，均是德孝贞节作为倡明主题来打造弘扬和褒奖两位贞节的夫人，并立于文昌祠的左右。

左节孝坊即"节媲松筠"牌坊。"节媲松筠"意指张氏的节可以媲美松竹。大庸古城当地财主李松基捐官后，荣获逸士，为光宗耀祖，又给自己的母亲张氏请立了一座贞节牌坊。授按察司照磨职衔，为官职名，九品。九品孺人：古代对士人、官员妻子或母亲按照惯例赐予的封号，一般共分九品，九品为最低。节孝坊牌匾额下方为九神仙、白羊石雕塑，中间主神，骑仙鹤的南极仙翁长生保命天尊；坊文匾下方为双龙戏珠白羊石雕塑；节孝坊为旧时旌表节孝妇女的牌坊。专门表扬那些风评很好，行为突出，在守节和孝顺方面特别突出的女人，而为其立牌坊，在古代是一种巨大的荣耀。右节孝牌坊为嘉庆甲子冬命下"节孝坊"（图11），坊文匾上方为双凤朝阳白羊石雕塑。

图 11　节孝坊

白羊古刹中文昌祠，空间环境九星布局为左辅位，入垣辅弼形细微，隐隐微微生平地。左拱右卫星旁罗，辅在垣中为近侍。右弼一星本无形，是以各为隐耀星。随龙剥换隐迹去，脉迹便是隐曜形。只缘飞宫有九耀，因此强名右弼星。辅者、辅助、辅导、辅相、辅星傅乎开阳，所以佐斗成功，丞相之象也，七政星明，其国昌，辅星明则臣强。这是儒家治国之法宝，主明、臣忠、自天子以至庶人，皆以修身为本，文昌牌坊弘扬节孝，令人仰慕。

因文昌祠主要文化内涵单调，原供奉主神缺失，建议在文昌祠内适当位置雕塑白羊石孔子像和十七世文昌帝君张浚像，这样文昌殿孔子和文昌帝君的朝拜者将络绎不绝，让张家界风景更美、文人荟萃、魁星昌盛。

（三）普光禅寺

白羊古刹佛教建筑群是普光禅寺。早在宋代，道家便在此建高贞观，但规模小，后逐步衰弱。他将"白羊传说"奏明永乐皇帝，皇帝大悦，敕命就地取材建寺，并御赐名"普光禅寺"。后来，一些官宦豪绅借此空间环境宝地，纷纷仿效，先后在这一带建起了嵩梁书院、城隍庙和文庙等古建筑，统称为白羊古刹。

刹是梵文音译，指佛塔、佛寺。"普光禅寺"原本属于白羊古刹建筑群的一个重要的组成部分。普光禅寺古建筑群在1959年被湖南省人民政府颁布为省级重点文物保护单位。该"普光禅寺古建筑群"则包括"武庙""文庙"等白羊古刹内的全部建筑。

普光禅寺始建于明永乐十一年（1413年），单指佛寺。据考证，该寺比北京故宫早建7年，比武当山金顶早建3年。普光禅寺属佛门五宗之一的临济宗，原管辖本境80余座佛寺200余僧侣，常住僧侣达50多人。1919—1943年，曾先后六次在这里举行龙华大会，湘、鄂、川、黔数省近千名教徒在这里摩顶受戒，故有江南名刹之誉。整个古刹占地面积11000多平方米，建筑面积3300多平方米。所有这些建筑基本都依癸山丁向的空间环境大局在布局，同沾长生、旺星气位的光。总山门与三路殿院的山门不重叠，且各有错位，但中轴线是基本一致的，也都控制在癸山丁向的立向定局之内。整个建筑采用传统斗拱和藻井结构，设计精巧、宏伟壮观，由总山门、大山门、二山门、天王殿、钟鼓楼、大雄宝殿、罗汉殿、圆间殿、观音殿、文昌祠、节孝坊、文昌殿、玉皇图、亮真观、武庙、牌坊等组成，具有宋、元、明、清各朝的建筑风格和特点。同时，它集结构学、力学、文学、美学、空间环境术、建筑学之大成，融佛教文化、道教文化、儒家文化于一体，是古代劳动人民超凡智慧的结晶，在建筑和宗教方面都有较高的研究价值。

大山门上有四个烫金大字"普光禅寺"，为乾隆皇帝的御笔亲题，左右两边耳门分别题"慈云普护"（无相门）、"觉路光明"（无作门），按佛教的理解是佛法无边，庇护众生；慈悲为怀，普济众生，一旦觉悟便前途光明。寺门叫山门，佛教一般称三门，象征"三解脱门"；中大门叫空门（图 12），空门一般指佛教，也指一切皆空；左耳门叫无相门，慈云普护指"一切诸法本性皆空，一切诸法自性无性"。右耳门叫无作门，觉路光明指"无因缘之造作心无造作之念"，也叫无愿门。历代名寺古刹，大多藏于深山之中，天下名山僧占多，进了山就等于进了寺，所以寺门又叫山门。这大山门里面站立着两个守门神，称为哼、哈二将：闭口者为哼，郑伦，鼻射两道白光；张口者为哈，陈奇，黄气喷出。

图 12　普光禅寺空门

二山门又叫天王殿，供奉着四大天王，是佛祖释迦牟尼的护法外将，又称四大金刚。手持琵琶者是东方持国天王，手持宝剑者是南方增长天王，手缠蛟龙者是西方广目天王，手持宝伞者为北方多闻天王。四员护法神将威风凛凛，恪尽职守。四大天王的法宝，琵琶无弦，宝剑无鞘，蛟龙无鳞，宝伞无骨。按照佛经解释，琵琶上弦会地动山摇，宝剑入鞘会盗贼四起，蛟龙有鳞会兴风作浪，宝伞上骨会天昏地暗。反之，则可安享太平盛世。大雄宝殿正山门两侧墙上有一对图形虎眼，是空间环境中聚气招财的气眼窗，也叫露窗，内设"寿"字窗花格，寓此窗藏风聚，招财纳宝，福寿绵长。

门两侧的花板上雕刻着许多人物故事，是佛教里的一些典故，如唐僧取经、鉴真东渡、顺治皇帝出家、李自成爱将野佛到天门山修行、怀素写蕉等。还有门上的浮雕把释迦牟尼从出生到成佛的全过程描绘得淋漓尽致，是其他寺院不能比拟的。大雄宝殿供奉着三尊金佛像，叫三世佛。正中间是佛教的创始人释迦牟尼，又称佛祖，主管中央娑婆世界；东侧是药师佛，主管东方净琉璃世界；西侧是阿弥陀佛，主管西方极乐世界。大雄宝殿的后背并未按佛教规制，塑建半边天的佛教故事，而是塑建的文殊、普贤、观音西方三圣像。

在大雄宝殿东西墙壁原有两块水磨石碑，磨制精细，光滑如镜，每当明月当空，石碑反射月光照影，大殿洒满一片银辉，故有"月点灯"之说。"月点灯"与"风扫地"是普光禅寺引人入胜的奇景之一，体现了古代空间环境师、工匠对空间环境学、光学、建筑学的深刻领悟和科学应用。

大雄宝殿（图13）是普光禅寺的核心建筑，单檐歇山顶，六架梁和斗拱，殿宽26.5米，进深12米，通高9米，全殿5间共365平方米。在大雄宝殿背面有三尊菩萨，中间有观音菩萨男身像，在过亭两侧有水、火二池（水池如图14所示）。

图 13 普光禅寺大雄宝殿

图 14 水、火二池中水池

　　罗汉殿两侧十八罗汉有的满脸慈祥，有的龇牙咧嘴，有的
张口大笑，有的双目怒视，各具形态，栩栩如生。罗汉是古印
度语，指已灭一切烦恼应受天人的供养者，永远不再轮回，并
弘扬佛法，是佛教修行的一种低于菩萨的果位。佛、菩萨、罗
汉三者之间的果位虽有区别，但同是修成正果的众生。

　　罗汉殿的建筑有其独到之处，保存的一斗三升二斗拱为明
代原始风格的斗拱，最大特点是曲柱弯梁屋不斜。传说这是白
羊入土化身的地方，建正殿的木材取自这里，而时隔43年之后
建此罗汉殿的时候，白羊山已无粗大直木，工匠们本着就地取
材的原则，以歪就斜，殿堂的立柱、横梁等43个主要构件全用

歪材。在工艺上斗拱全由木铆衔接，不用一颗铁钉，而且牢固非常，天衣无缝，实为建筑中的大奇观。

"大悲与一切众生乐，大悲拔一切众生苦"的观音殿是普光寺内佛教建筑中轴线上最后的一幢建筑。殿内供奉着女身观音（依佛教仪规，观音像为一百零八尊应身，七十五尊男应身，三十三尊女应身）。她端坐莲台，左胁侍是善财童子，右胁侍是小龙女菩萨，据说观音慈悲为怀，随缘而化，可变男变女，是大慈大悲、救苦救难的化身。

四、"金羊收癸甲木局"

（一）金羊收癸甲木局

金羊收癸甲之灵，羊者未也，未乃木之墓。

癸甲同源，水口位于西南丁未、坤申、庚酉乃墓、绝、胎三个方位（图15）。

图15　金羊收癸甲之灵木局图

金羊收癸甲，甲木长生在乾亥，为阳末，阳从左边转，顺布十二长生（长生、沐浴、冠带、临官、帝旺、衰、病、死、墓），至未为墓库。癸长生于卯，逆布十二长生（帝旺、临官、冠带、沐浴、长生、养、胎、绝、墓）。

水为阳顺布，龙为阴逆行，一同至未方位入墓库，曰：阳从左边转，阴从右路通，若还学会阴阳局，何愁大地不相逢，此为万古不移之理。

四局来龙水初布。若甲卯二山来龙四局水初布是生龙，癸丑二山来龙是冠带龙，从壬子二山来龙是临官龙，乾亥二山来龙是旺龙。由以上八山之来龙皆谓之生旺得气，若再配上龙形生旺，必然大发财源，荣华富贵；若甲卯二山来水，是帝旺水。艮寅二山来水为临官水，癸丑二山来水是冠带水，乾亥二山来水是长生水。由以上八山之来水，谓之生旺之龙水，若配上生旺之龙，更是富贵千秋之龙水；若龙从庚酉二山来是病龙，从坤申二山来是死龙，从丙午二山来是绝龙，由此六山来龙，来水皆谓之犯死绝之龙水。

甲为阳，癸为阴，甲为水，癸为龙，龙之生为水之旺，水之旺为龙之生，正谓天地（夫妇）德配生旺得令之龙水。

以上述四大局水口定点，对四大局水口已有初布概念，因为四大水口才是立向的依据。

四大龙局即乙丙交而趋戌、辛壬会而聚辰、斗牛纳丁庚之气、金羊收癸甲之灵。"四大龙局"是理气之方法。

凡寻龙点穴至龙行尽头结穴处，绝大多数之地，均已见前面有水，即以水为界。要审度此地是否成局或成何局，先以罗经外盘看水口，凡水口在丁、未、坤、申、庚、酉这六个字上交会（墓、绝、胎之间），谓之"金羊收癸甲"，是木局癸龙。再用罗经内盘格龙，看其入首处是哪个字。癸水长生甲卯，逆行，旺在乾亥，死在坤申，墓在丁未，绝在丙午。若龙从甲卯二字上入首是生龙，从癸丑二字上入首是冠带龙，从壬子二字上入首是临官龙，从乾亥二字上入首是帝旺龙，以双山论共八个字，皆谓之理气得生得旺。若再配以龙之形象，又生旺束气清真，则此地必然大发。若从庚酉二字上入首是病龙，从坤申二字上入首是死龙，从丙午二字上入首是绝龙，从巽巳二字上入首是胎龙，从辛戌二字上入首是衰龙，以双山论共十个字，皆谓之理气犯死绝，纵然龙之形象生旺，亦不能发。

二十四山双山五行。所谓双山，是三合派大师杨筠松先生晚年为便于消砂纳水，依据正针十二支气，以日景方位创设的缝针双山。双山五行，就是以坎离震兑四卦，即水火木金四局生旺墓三合为五行。在二十四山排列中，有"双山伍行"之说，诀云：申子辰山宜用水局，则坤壬乙山亦宜用水局。盖壬子同宫，乾亥同宫，艮寅同宫，一干一支，即为双生，各相配合。二十四山双山五行中，只有四正位能够同五行，有些是顺生五行，有些是相克五行。

白羊古刹为木局，即亥卯未三合属木，双山乾亥同宫、甲卯同宫、丁未同宫、乾甲丁也同属木，因而缝针乾亥甲卯丁未都属木，故"金羊收癸甲之灵局"。

木局生旺来龙。木局生龙入首：龙从甲卯方来，水从丁未方出；木局旺龙入首：龙从乾亥方来，水从丁未方出；木局冠带龙入首：龙从癸丑方来，水从丁未方出。

木局生、旺、冠带龙，入首为龙通窍，只要向合，大地大发，小地小发，断无不发，即立向稍差，亦发二三十年，过三十年后，行至外堂水运。

木局病龙入首：龙从庚酉方来，水从丁未方出；木局死龙入首：龙从坤申方来，水从丁未方出；木局绝龙入首：龙从丙午方来，水从丁未方出；木局病、死、绝龙，入首龙虽好，但不发，因龙不得生旺之气也。若立向又稍差，断无一家不发凶者。如果龙已死绝，而向又不好，凶上加凶，所以不发。

依据四大龙局形象与理气的生旺死绝具体分析、探究，恰好应合"金羊收癸甲之灵局"中的木局，生龙入首，龙以甲卯方来，水从丁未方出。

（二）三合局的概念和应用

三合局指的是在十二地支中每隔四个地支形成的组合，即申子辰三合水局，亥卯未三合木局、寅午戌三合火局、巳酉丑三合金局。三合局的形成增强了八宝地支所属五行中某一个属性的力量，使其力量比单个地支的力量大得多。

"三合"经典解释乃是指龙、水、向三者之间的配合，即《天玉经》所说的"龙合水，水合向（实指坐度）"。三合又指的是金木水火四局的生、旺、墓三合，也就是地支三合。如木生于亥，旺于卯，墓于未。但是三合空间环境的核心不是地支三合，而是龙、水、向三合连珠。杨筠松祖师在《天玉经》中说："龙要合向向合水，水合三吉位；合禄合马合官星，本卦生旺寻；合凶合吉合祥瑞，何法能趋避？但看太岁是何神，立地见分明；成败定断何公位，三合年中是。"

癸山丁向说。白羊古刹立向为癸山丁向，测得其龙、水、向，属于木生于亥，旺于卯，墓于未，符合"龙合水，水合向"之情。癸山丁向，天干阴水之位，居子丑之界。兼子则从子喜水，兼丑则从丑喜金，双山与丑同宫三合，巳酉合局。经云：巳酉丑巽庚癸尽是武曲位，宜作金论。子为禄、卯为食禄、为阴贵。巳为阳贵。乙为食神，丙为正财，戊为正宫，庚为正印，丑阳刃忌多见，喜子丑夹辅。忌午未暗珠，喜四子、四可即、四巳，为降禄、聚贵。宜巳酉丑会金局。忌四丑植刃；癸丁兼丑未，庚子、庚千分金，坐女二度，向柳五度；癸丁兼子午，丙子、丙午分金，生女八度二，向柳十一度。用巳酉丑及申子三俱吉。

太阳：大寒到山，大量到向，天帝，小寒到山。

开门：宜丙西方。

入宅：巽生门、震天门、离延门。

放水：宜子方，宜右水倒左吉、左水倒右不宜。

癸山丁向避忌：傍阴府忌丙辛二干全，不全不忌。天星地曜忌戊辰戊戌巳未日。天燥、火忌巳亥时相冲，不冲不忌。地燥、火忌寅申时相冲，不冲不忌。日流太岁忌戊子、旬中克山。李广箭忌丑未二支全冲，不动不忌。消来煞无。八山黄泉煞五运忌甲年岁土太过孤。辛年岁水不及为虚。六气自小雪初至小寒未止。太阳寒水司令为得时。

（三）金羊收甲之灵——木局的应用

以白羊古杀空间环境布局的探测、分析来看，笔者认为，三合派大师在堪布、选地、立向、定局等方面，选用三合四大龙局中"金羊收癸甲之灵——木局"立向定局是正确的。甲卯、癸丑、癸甲同源，在帝旺、临官、冠带之域；甲为阳，癸为阴，甲为水，癸为龙；龙之生，便是水之旺，水之旺，则助龙之生，是为天地（夫妻）德配生旺而得令之龙水；

癸水长生于甲卯，背靠福德山，沿子午台一线，面朝天门山，远看缠山千千万，其来龙入首，始于远祖回龙观青龙山系甲卯位，延绵至近祖子午台，而子午台在癸丑、任子方，正是极佳的生旺之龙，诀曰"定有王候居此间"，故定向为有龙居之，加之白羊山上有白羊为神入地，掘之有金，即为黄金宝地，选之为天意。

白羊古刹的明堂宽大广阔，是古大康卫城之地，且有大片的绿树成荫，案山成吉，且远观澧水成三吉白玉带环绕古刹，其水口由西南角坤申方宛延而去，而局中的有情之水顺势整块水流向丁未墓库，由西南方向的西门溪汇入澧水之中，正是"龙合水"大吉之象。

（四）两步分金黄道吉

白羊古刹集儒、佛、道三教于一体，由于教义的差异、规制的不同，理念各一，故建筑也分成三路创立，道教的武庙立向与高贞观不受阁有些许差异的，总的立向定局都严格遵循"癸山丁向"的原则，且始终把握着"金羊收癸甲木局"的形制作为古刹布局。

总的立向为"癸山丁，坐癸水地磁度十二总五度，丙子分金，艮卦位，旺气脉；女宿八度正合黄道吉。朝丁火地磁度一百九十二度五，丙午分金，震卦，相气脉，柳宿十度吉"。

而道教的武庙建设时，不宜与远祖的高贞观、玉皇阁同轴线，但由于必须在癸山丁向内，且吻合"金羊收癸甲木局"的空间大环境，故武庙与文庙、寺院有适当的朝向角度偏离，仍在癸山丁向，还是坐癸向丁。癸水十五度内，有丙子分金的十一度至十二度半之间，坐女宿七至九度内均为吉，可立向。取庚子分金十八度半至二十度内，坐女宿一度，向柳宿七度吉，从十一度至二十度之间有九度距离之差，所以文昌祠、普光禅寺、白羊古刹的中轴与武庙的中轴线之间的夹角有九度之别，这种分金规避了"以下犯上"之嫌，也没有违背总的立向定局之要。

有道是"癸水真成富贵穴，甲龙亦作福人基"。

参考文献

[1] 湖南神匠古建园林工程有限公司.普光禅寺建筑群修缮工程竣工报告[Z].

[2] 柯可.八卦奥义：周易宝典[M].北京：中国档案出版社，2006.

[3] 北京建工建筑设计研究院.普光禅寺古建筑群文物保护规划（2020—2035）[Z].

文物建筑的影响评估探究——以菽庄花园夜景提升工程为例

喻　婷[*]　彭晨曙^{**}

摘　要：随着近年来文化遗产保护工作的不断推进，文物建筑的保护逐渐在抢救性保护的基础上渗入预防性保护的理念。"文物影响评估"这一概念自国家文物局发布的《关于加强基本建设工程中考古工作的指导意见》中首次提出后，逐步成为对文物建筑进行预防性保护的一项不可或缺的工具。本文以菽庄花园夜景提升工程为例，评估夜景工程对菽庄花园的影响，同时从文物影响评估总则、文物建筑概况、建设项目情况、涉建项目对文物建筑的影响评估、减缓措施及建议方面探究文物影响评估编制框架与内容，为文物影响评估工作提供一定的借鉴作用，促进文物建筑的预防性保护。

关键词：文物建筑；影响评估；夜景；菽庄花园

　　文物影响评估旨在通过评估各类工程对文物建筑可能产生的破坏或影响，降低文物危害风险，保护文物安全并提出相关

＊厦门翰林文博建筑设计院设计总监。

＊＊厦门翰林文博建筑设计院设计师。

减缓影响的措施建议。

　　然而，我国现行法律体系中仅有《中华人民共和国环境影响评价法》《环境影响评价技术导则 生态影响》等建设项目的环境影响评价文件及《世界文化遗产影响评估指南》等遗产地影响评估依据，尚未出台文物影响评估相关的规范性文件。

　　遗产地与文物建筑在评价标准、价值评估等诸多方面不尽相同，因此上述规范性文件对文物影响评估的指导较为局限，各机构目前所编制的文物影响评估报告也不统一，内容参差。因此，本文以菽庄花园夜景提升工程为例，结合实践对文物影响评估的框架与内容进行梳理探究，抛砖引玉地为建设工程对文物建筑的影响评估提供一定的参考。

一、文物影响评估总则

　　文物影响评估总则部分主要包括评估背景、评估依据、评估原则、评估目标与对象、评估方法。

（一）评估背景

　　2006 年菽庄花园与美国领事馆旧址、八卦楼等 10 处 13 座建筑组成鼓浪屿近现代建筑群，被国务院公布为第六批全国重点文物保护单位。

　　2022 年 3 月，鼓浪屿文化遗产保护委员会召开会议，同意举办第三届鼓浪屿音乐节。音乐节临时性舞台搭设于与菽庄花园毗邻的港仔后沙滩，故鼓浪屿管委会欲对菽庄花园及周边进行夜景提升，改善主要景点及标志物的夜景效果。

　　该夜景工程位于全国重点文物保护单位——鼓浪屿近现代建筑群的保护范围内。根据《中华人民共和国文物保护法》第十八条及国家文物局《全国重点文物保护单位建设控制地带内建设工程设计方案审批》需要提交的材料目录中"……（五）涉及地下埋藏文物的，应提供考古勘探发掘资料。（六）文物影响评估报告"等的规定，需对该夜景工程进行文物影响评估。

（二）评估依据

评估依据包括：法律法规、部门规章类，如《中华人民共和国文物保护法》《中华人民共和国文物保护法实施条例》《国务院关于进一步加强文物保护工作的指导意见》；相关规划资料类，如《厦门市城市总体规划（2011—2020 年)》等；相关文件类，如《国务院关于核定并公布第六批全国重点文物保护单位的通知》《厦门鼓浪屿菽庄花园照明设计方案》。

（三）评估原则

1.对文物实施有效保护的原则

根据文物保护法的相关规定，夜景工程首先应做好文物的保护工作，不得危害菽庄花园建筑遗产的保存。

2.科学、客观、公正原则

文物影响评估必须科学、客观、公正，综合评估对文物可能造成的正面和负面影响，为项目实施提供决策依据。

3.早期介入原则

文物影响评估应尽可能在项目的初期介入，并将文物的保护融入项目规划、方案设计以及项目实施和运营中。

4.可操作性原则

结合工程涉及的实际内容，兼顾遗产保护与发展的需求，提出具有可操作性的评价和建议。

5.最小干预原则

应严格遵守不改变原状、最小干预、可逆性的原则，以保护建筑风貌特征。

（四）评估目标与对象

评估目标为根据现有法律、法规和文件，对《厦门鼓浪屿菽庄花园照明设计方案》进行客观、全面的技术性评估，提出有针对性的工程实施建议与减缓措施，把对文物建筑的影响和干扰降到最低，为行政主管部门、管理使用单位、利益相关者提供决策依据。

评估对象范围包含拟开展夜景工程的菽庄花园及周边区域。评估内容包括拟实施的工程在类型、体量、与周边环境的协调程度、景观视廊、景区旅游及可持续性等方面对文物建筑造成的影响及规模。

（五）评估方法

1.调查法

调查法包括文物建筑、建设工程及相关法规的各项图文访谈资料搜集与环境风貌、景观视廊等的现场调查。

2.对比法

对比夜景项目施工前后建筑、植被、场地、景观视廊等的变化情况。

3.预测法

根据现场调查的各项数据，通过分析、类比、专业判断等方法预测夜景项目实施后的各种可能结果，提出减缓措施。

二、文物建筑概况

文物建筑概况部分主要包括：文物建筑的基本情况，如名称、位置、类型、时代、公布批次；历史沿革；价值评估，包括历史、艺术、科学、社会、文化价值；现状评估，包括文物本体和文物环境的保存利用现状；保护区划，包括保护范围、建设控制地带的四至边界。

（一）菽庄花园概况

全国重点文物保护单位鼓浪屿近现代建筑群——菽庄花园，坐落于鼓浪屿的南面港仔后海滨，2006年被国务院公布为第六批全国重点文物保护单位。

菽庄花园东倚草仔山山坡，坡下为一小港湾，西侧为湾仔后沙滩浴场，占地面积2万多平方米。园林分"藏海园"和"补山园"两大景区（图1）。

"藏海"之意即游人进入园中，并非直接看到大海，而是经过曲折的前导，视野豁然开朗，海阔天空的感觉油然而生。该景区主要建筑有眉寿堂、壬秋阁、四十四桥、真率亭、渡月亭、千波亭及招凉亭。

"补山"即将草仔山稍加添补、点缀，使其达到天工与人巧的完美结合。景区以一闭合式水塘为主，在其周围布置了假山亭榭、曲桥楼阁、花草树木，颇有洞天之感。景区主要建筑有熙春亭、十二洞天等。

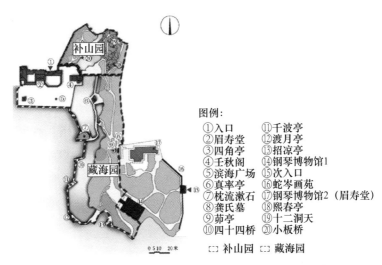

图例：
①入口　　　⑪千波亭
②眉寿堂　　⑫渡月亭
③四角亭　　⑬招凉亭
④壬秋阁　　⑭钢琴博物馆1
⑤滨海广场　⑮次入口
⑥真率亭　　⑯蛇岑画苑
⑦枕流漱石　⑰钢琴博物馆2（眉寿堂）
⑧龚氏墓　　⑱熙春亭
⑨菇亭　　　⑲十二洞天
⑩四十四桥　⑳小板桥

0 5 10　20米　　▯补山园　▯藏海园

图1　菽庄花园平面图

（二）菽庄花园历史沿革

1. 林尔嘉建设时期

台湾迁居鼓浪屿的富绅林尔嘉，怀念台北板桥故园，于

1913 年聘名师巧匠，建造菽庄花园（图 2）。1913—1934 年，林尔嘉陆续建成听潮楼（1914 年建；今已不存）、四十四桥（1919 年建）、渡月亭（1920 年建）、壬秋阁（1922 年建）、小兰亭和亦爱吾庐（1919 年建；今已不存）、蔚然亭（1934 年建；今已不存）、熙春亭（1934 年建）。1956 年林尔嘉家人将该园捐献给厦门市政府，1965 年后被辟为公园。

图 2　菽庄花园旧照

2. 政府改扩建与修缮时期

　　1956—1997 年，政府对菽庄花园进行了改扩建与修缮。1956 年国家成立了鼓浪屿园林管理所，对菽庄花园进行了全面的规划和修缮。1977 年重建真率亭。1986 年扩大建筑面积，在山南侧和山顶新建"听涛轩"一座，之后改为钢琴博物馆。在山顶北侧新建"蛇岑画苑"一座，之后也改为钢琴博物馆。在顽石山房旧址，重建一座 697 平方米的两层新楼。1987 年年底，顽石山房和菽庄花园以围墙隔开。1989 年翻建眉寿堂，在菽庄花园西北角树立了林尔嘉铜像。

（三）菽庄花园现状

　　自 1956 年政府开始管理菽庄花园后，陆续对其各部分进行了修缮，加之菽庄花园现为鼓浪屿重要景点之一，园林整体格局、建筑保存状况、文物周边自然环境均保存较好，仅部分基础设施存在不健全及老化等现象，如图 3 所示为菽庄花园局部照片。

(a) 眉寿堂   (b) 眉寿堂现状夜景

(c) 壬秋阁   (d) 壬秋阁现状夜景

(e) 枕梳漱石   (f) 枕梳漱石现状夜景

(g) 林尔嘉雕像   (h) 林尔嘉雕像现状夜景

(i) 听涛轩   (j) 听涛轩现状夜景

图 3 　菽庄花园局部照片

（四）菽庄花园保护区划

全国重点文物保护单位菽庄花园保护范围：

西面至海岸线，东、南、北由围墙面各向外延 10 米。

保护要点：严格保护建筑本体及其附属设施，保护范围内严格控制新建、改建、构筑物。文物维修时应严格遵守不改变文物原状的修缮原则。

全国重点文物保护单位菽庄花园建设控制地带：西、南面至海岸线，东面至田尾路，北面由保护范围各外延50米。

保护要点：按国家重点风景名胜区景区的保护要求保护建筑周边环境，从日光岩顶俯视建筑第五立面的景观完整。

三、建设项目情况

建设项目情况的调查应涵盖项目的建设目的、规模范围、设计方案的内容、主要工程做法、技术经济指标、项目建设周期等内容。

对文物建筑形成影响的建设项目主要有轨道交通建设、住宅类建设项目、高速公路、桥梁、输电线路、文物建筑的水电声光设施建设以及博物馆、展览馆等与文物建筑展示利用相关的建设工程。

这类建设工程多横跨、穿越文物建筑的建设控制地带，或者位于文物建筑的保护范围内，对文物建筑造成一定的分割、破坏、侵占等威胁。

（一）菽庄花园夜景工程概况

因第三届鼓浪屿音乐节在与菽庄花园一墙之隔的港仔后沙滩举行（图4），菽庄花园成为音乐节的背景。音乐节表演时间为晚上，为优化游客体验，鼓浪屿管委会对菽庄花园及周边夜景进行提升。夜景工程在菽庄花园本体上的部分为长期工程，在沙滩上的夜景舞台搭设部分为临时性工程，音乐节结束后即拆除。

菽庄花园本体上的夜景工程集中在飞檐翘角、环廊、平台、栏杆、出入口、景观小品、枕石漱流等处（图5）。

港仔后沙滩　音乐节会场　菽庄花园　延平公园　日光岩

图 4　菽庄花园与港仔后沙滩全貌

图 5　菽庄花园与港仔后沙滩夜景效果图

（二）夜景工程主要技术参数与施工工法

1.负荷级别及电源

按敷设方式、环境条件确定的导体截面，导体载流量不小于预期负荷的最大计算电流和按保护条件所确定的电流，线路电压损失不超过允许值，导体满足动稳定和热稳定的要求。按规定装设短路保护、过负载保护和接地故障保护。

2.线路铺设

工程夜景照明配电线路采用 ZR-YJV 绝缘铜芯电缆，室内穿阻燃塑料管（下文用 PVC 表示）敷设（或就近利用原有非消防桥架敷设）。进出电缆穿越建筑物、易受损伤的场所及引出地面从 2 米高度至地下 0.2 米处，必须加设防护套管。

3. 设备安装与防水防雷

室外安装的灯具及其连接件应能承受 205 千米 / 小时（约 57 米 / 秒）的风速而没有过度变形。屋面混凝土区域配线管路按暗配管敷设，金属幕墙区域配线管路按明配管敷设，管路与灯头盒间采用螺纹连接或者插接，并做好防水措施（图 6）。

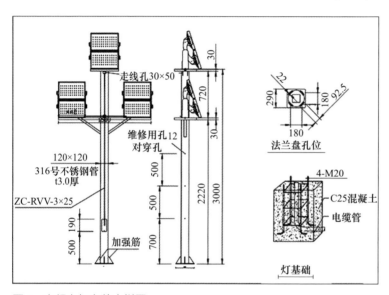

图 6　立杆支架安装大样图

安装于建筑物顶端或高空外墙上的灯具，采用芯线截面面积不小于 6 平方毫米的 BVR 导线与就近避雷带可靠连接，每组灯具不少于 2 处。

四、涉建项目对文物建筑的影响评估

（一）影响因素识别与评估

影响因素识别主要分析建设项目与文物本体及环境的关系，识别可能对文物建筑造成的威胁类型、途径及程度等。

从总平面图上分析，菽庄花园及周边夜景提升工程项目实施区域涵盖港仔后沙滩与全国重点文物保护单位菽庄花园及其周边区域（图7）。

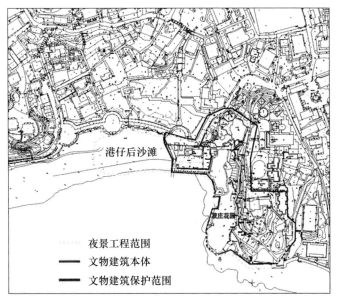

图7　夜景工程与文物建筑的位置关系图

其中，港仔后沙滩上所建灯光舞台为临时性项目。在鼓浪屿沙滩音乐节结束之后，沙滩上所搭建的舞台与灯具将被拆除，恢复港仔后沙滩原状。菽庄花园夜环境得到提升，实施主体位于文保单位的保护范围内。各项因素的影响评估见表1。

表1　夜景工程影响因素评估表

影响因素		评估对象	正面影响	负面影响	建设过程▲ / 运行过程△	短暂影响■ / 永久性影响■ / 累积影响□
直接影响因素	整体功能形态	指涉建项目对完善鼓浪屿社区功能形态的影响	4		△	□
	市政基础设施	改善基础照明设施	5		△	□
	海洋生态环境			3	△	□
	海岛轮廓线	美化提升海岛轮廓线	—	—	—	—
	周边景观环境	重要历史景观视廊	4		△	□
	水下遗存		—	—	—	□
	建设垃圾			1	▲	■
	噪声			1	▲	■

续表

影响因素		评估对象	正面影响	负面影响	建设过程▲ / 运行过程△	短暂影响■ / 永久性影响■ / 累积影响□
间接影响因素	对外交通组织		—		—	—
	社区	优化社区夜景体验	4		△	□
	旅游业	带动旅游发展	5		△	□
间接影响因素	社会影响	展示遗产地形象与精神	5		△	□
	经济影响	拉动遗产地旅游经济	5		△	□

注：影响程度分级参照《世界文化遗产影响评估指南》分为：非常高为5、高为4、中为3、低为2、可忽略为1、未知为0、无影响为空白。

（二）项目建设必要性评估

必要性主要评估项目建设能否满足文物建筑本体及环境的保护、改善需求，能否满足区域社会经济发展的需求。

菽庄花园夜景工程的必要性评估：

1. 优化照明设施、促进文物建筑安全的需要

近年来，凤凰古城、平遥武庙、巴黎圣母院等文物建筑频发火灾，文物建筑的防火安全越来越引起人们的重视。菽庄花园既是全国重点文物保护单位，又是遗产地重要的开放性旅游景点，其安全问题更是不容忽视。

经过对菽庄花园及周边夜景提升工程实施区域的实地勘察，区域内照明设施存在部分路灯灯杆锈蚀、灯罩老化发黄等现象，灯具的老化、线路裸露对消防安全产生了一定的隐患，夜景工程若能检修现状存在安全问题的灯具，进行维护、更换，将有助于文物建筑安全的预防与提升。

2. 改善菽庄花园夜景，提升建筑形象的需要

根据《厦门市夜景灯光管理规定》第六条"夜景灯光必须按以下规定亮灯：（一）鼓浪屿、中山路……鹭江道已设置夜景灯光的大楼……每晚要亮灯……"鼓浪屿菽庄花园及周边夜景

工程实施区域与鹭江道的流光溢彩和中山路的繁华陆离相比较为暗淡。区域内夜景缺乏整体规划，现状单一、零散、随意，水域夜景黯淡，没有特点。合理夜景项目的实施是提高菽庄花园吸引力，完善周边夜景整体规划的需要。

（三）合规性评估

合规性评估包括建设项目在保护区划、法律法规、相关规划方面的分析。其中，相关规划包括诸如国土空间规划、专项规划等。

菽庄花园夜景项目所涉及的保护区划、法律法规文件较多，因篇幅有限，仅以《中华人民共和国文物保护法》为例进行合规性分析。

第十七条：文物保护单位的保护范围内不得进行其他建设工程或者爆破、钻探、挖掘等作业……

合规性分析：基本符合。涉建项目因需要更换现在的部分路灯灯杆，故会在地面进行灯杆基础的挖掘与回填。开挖面积较小，且项目设计考虑到文物安全方面。

第十八条：……在文物保护单位的建设控制地带内进行建设工程，不得破坏文物保护单位的历史风貌……

合规性分析：符合。涉建项目仅为夜景提升工程，不涉及其他建设工程，不会破坏文物保护单位的历史风貌，项目实施后将极大改善实施区域附近的综合夜景环境。

第十九条：在文物保护单位的保护范围和建设控制地带内，不得建设污染文物保护单位及其环境的设施，不得进行可能影响文物保护单位安全及其环境的活动。对已有的污染文物保护单位及其环境的设施，应当限期治理。

合规性分析：基本符合。涉建项目仅在施工期间对文物保护单位有扬尘、噪声、固体废弃物等少量污染，但项目工期较短，施工中做好污染减缓措施，将不会对文物保护单位及其环境的设施造成影响，不会影响文物保护单位安全及其环境。

（四）景观视廊分析评估

日光岩为鼓浪屿制高点，夜景提升项目实施后，从日光岩向菽庄花园望去，亮化后的四十四桥更富立体感，美化了海岸线，同时眉寿堂被照亮的屋面与内透光设计的壬秋阁夜景交相呼应，提升了菽庄花园的光影变化与美感（图8、图9）。

图8　夜间"日光岩－菽庄花园"景观视廊观感

图9　提升后"日光岩－菽庄花园"景观视廊观感

项目实施后优化了夜间的日光岩－菽庄花园这一景观视廊的观感。白天经这一景观视廊望去，所增设及更换的灯具因体积较小，且有一定的距离，并不明显，不会对这一景观视廊造成不利影响。

（五）设计、施工、运营的影响评估

设计影响主要评估设计方案是否直接破坏、扰动、威胁文物本体及环境；施工影响评估对文物及环境造成的穿越、侵占、污染、振动等影响；运营影响主要评估运营过程中，对文物周边社会活动产生的影响。

1. 夜景工程设计方案评估

眉寿堂设计的落地灯，为园区内新增灯具。落地灯的位置在眉寿堂南广场的正中，以点呈线，个数多、尺寸大，共13个。在视觉、感官、场地等方面对小广场造成了一定的分割，对广场的完整性及现有环境风貌形成了一定影响。同时其安装势必进行局部地面开挖、钻孔作业，该位置并非唯一可放置位置，建议优化落地灯位置，或与广场南侧边缘的树池相结合布置（图10）。

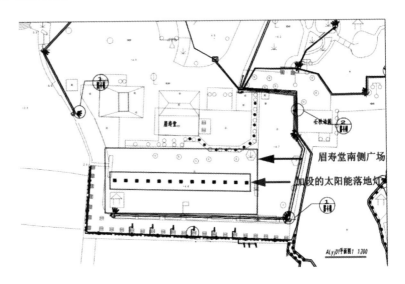

图 10　眉寿堂南广场夜景设计平面图

眉寿堂设计方案中，在四十四桥入口处有一路灯，设计方案为原位置替换与原灯杆不同径的新灯杆。经勘察，该路灯底部嵌于虎皮石美人靠座凳内，建议尽量不改变文物建筑原状，不做开挖更换，尝试通过对现有灯杆的加高、油饰等方式，在原灯杆基础上实现灯具优化更新。

板桥莲影设计中，在水体内加设了9个300毫米×300毫米×1000毫米的水泥基础台用于装射灯，该处水体内现设圆形石阶与莲盆，本就局促，再加设数量过多的水泥基础台，影响水景观现状；其开挖与后期维护，也会对水体造成一定的负面影响与污染。

建议：减少基础台数量或隐蔽性安装新增灯具。借助该区域的天然自然景观，将灯具加设与自然景观相结合，如岸边大块石头的缝隙、岸边灌木丛、岸边矮景树等隐蔽性位置（图11）。

图 11　板桥莲影区照片

2. 施工影响评估

项目施工势必造成一定程度的环境污染，主要表现在扬尘、噪声、废水、废气及固体废弃物等方面。由于涉建项目直接加施于文物建筑本体及其周边环境，部分污染物随着空气流动的扩散有可能对文物本体造成一定不良影响。

3. 运营影响评估

菽庄花园及周边夜景提升工程的实施，给游客创造了全新的夜间观览体验，适宜、高质的夜景增强了文物建筑的吸引力。夜景提升工程的实施，具有很强的观赏性，改善市民的夜间生活环境，提升了夜环境视觉体验。

五、减缓措施及结论

（一）减缓措施

设计阶段减缓措施包括调整项目选址、选线、设计等；施工期间减缓措施包括变更施工技术、加强施工管理、制定应急预案、施工监测；运营阶段减缓措施包括使用规定、运营监测、承载量规定、文物本体安全防护等。

1. 夜景工程设计阶段减缓措施

枕石漱流、林尔嘉像区域的夜景照明，既要避免景观雕塑各部位不适当的明暗对比，又要防止眩光等光污染的现象，影响人们的观赏和休闲。

菽庄花园照明设施存在灯罩老化发黄、灯具线路裸露等现象，勘察发现园区有多盏太阳能路灯已坏，夜间基础照明不能得到保障。设计单位应排查现状存在安全隐患的灯具，保障提升文物建筑安全。

夜景方案设计在夜景景观照明的亮度、发光强度、夜景效果以及灯具的色彩、装饰风格、灯具材质、样式选择、发光照度等方面应尽量与区域内整体氛围气质相契合，不得影响公共安全或者所依附的建（构）筑物、设施的结构安全。尽量减少对周边生态环境的影响。灯光色调应柔和，使夜景风貌与文物建筑相得益彰、和谐统一，减少突兀感。

尽量选择容易安装的灯具，灯具的安装应有良好的隐藏性，条件允许的情况下新增灯具尽可能做到"见光不见灯"的要求。方案设计要区分硬质景观（小品、雕像、石景、柱廊等）和软质景观（树木、花丛、绿地、植被等）的不同特点、布局以及环境条件，采用地埋灯、草坪灯、庭院灯、景观灯等适当光源，以不同色彩和远近明暗的对比，衬托出园区特色，同时应避免光污染和能源的浪费。

2. 施工期间减缓措施

加强施工方人员的文物保护意识，施工完成后，尽快撤出施工设备，恢复菽庄花园周边的环境，报请文物部门进行相关的查验。施工期间尽量选取产尘量小的安装工艺，尽量采用环保材料。尽量选择噪声干扰较小的设备，将施工噪声所造成的影响减小到最低限度。施工垃圾应及时清理和搬运。不得超设计、超范围违反规定施工和操作。

3. 运营阶段减缓措施

项目投入使用后，应加强日常监控，节假日及其他人流量较大的情况下，切换为节假日灯光模式，平时要切换成节能的平日模式，避免过度照明对文物建筑、生态环境造成的影响。运营后要制定应急预案，严防火灾等人为灾害的发生。

（二）结论

文物影响评估的结论有项目可行、不可行、调整后可行三类。

菽庄花园夜景工程经评估分析，设计方案参照建议调整后不会对文物建筑造成较大影响。无新增建（构）筑物，且夜间照明设施及夜景环境的提升，在一定程度上改善了文物建筑片区内的现状照明条件。

六、结语

第一，对文物影响评估的框架进行探究梳理，对每个细分评估环节的内容和重点进行总结归纳，并以菽庄花园夜景工程这一具体案例进行举例说明，旨在为文物影响评估工作提供一定的参考。

第二，文物影响评估的切入点主要包括影响因素识别与评估；项目建设必要性评估；合规性评估；景观视廊分析评估；设计、施工、运营的影响评估。

第三，文物影响评估作为对文物建筑预防性保护的一种重要手段，应当贯穿于项目施工前、施工期与运营期三个阶段。

第四，文物建筑属于不可移动文物范畴，裸露于室外，本就易受各类自然灾害威胁，因此文物建筑保护范围及建设控制地带内的各类建设工程应重视文物影响评估，以实现经济发展与文化遗产保护间的平衡。

参考文献

[1]　李敏，张文英，何莹 . 菽庄花园一百年 [M]. 北京：中国建筑工业出版社，2013.

[2]　吴美萍 . 中国建筑遗产的预防性保护研究 [M]. 南京：东南大学出版社，2014.

[3]　夏东，陈芬芳 . 厦门菽庄花园造园探析 [J]. 中外建筑，2015（1）：93-96.

[4]　王伟，陈孝忠 . 文物影响评估技术路线与工作深度浅析 [J]. 中国文化遗产，2018（1）：87-91.

[5]　武斌 . 高速公路建设对穿越文物保护区域影响评估与保护研究 [J]. 山西交通科技，2020（4）：146-150.

故宫毓庆宫建筑群墙地砖及琉璃瓦件样品的研究分析

李　玥[*]

摘　要：2014 年 8 月—2016 年 6 月，故宫博物院开展毓庆宫
　　　　建筑群的整体保护修缮工作，包括对院落及各建筑室
　　　　内地面、院内墙体、建筑屋面等土建部分的修缮施工。
　　　　对维修替换下来的旧瓦件和墙地砖材料理化分析和硬
　　　　度测量取得的原始数据，以及相关研究，初步揭示故
　　　　宫毓庆宫建筑群墙地砖及琉璃瓦件的原料及加工产地，
　　　　部分还原修缮历史。

关键词：毓庆宫建筑群；主次量化学成分；显微维氏硬度

一、总述

　　毓庆宫建筑群位于故宫内廷东路奉先殿与斋宫之间，清康
熙十八年（1679 年）初建。乾隆五十九年（1794 年）添建大
殿、游廊及抱厦。嘉庆六年（1801 年）继续扩建。光绪十六年
（1890 年）和光绪二十三年（1897 年）曾进行修缮。历史上，

---

　　* 故宫博物院高级工程师。

除了作为太子宫使用，也曾作为光绪、宣统等皇帝和皇子读书的地方。

毓庆宫建筑群南北长约 93 米，东西宽约 33 米，占地面积约 3293 平方米，建筑面积为 1898 平方米。前后四进，由中轴线上的前星门、屏门、祥旭门、惇本殿、毓庆宫（毓庆宫前殿、穿堂、继德堂）、后罩房以及两侧的值房、配殿、围房、净房等建构筑物组成（图 1）。

图 1　毓庆宫全景图

二、毓庆宫建筑群修缮沿革概述

（1）康熙十八年（1679年）在明代奉慈殿（神霄殿）、观德殿、内东裕库等建筑的基址上建皇太子宫。建筑依次命名为祥旭门、惇本殿、毓庆宫。

（2）乾隆八年（1743年）毓庆宫经过了较大规模改造、扩建。

《内务府奏案》记载：（乾隆八年十一月）初九日，奴才海望、三和谨奏，为请领银两事。奴才等遵旨办理毓庆宫工程，照依奏准式样建造大殿五间，后殿五间，照殿五间，前东、西配殿六间，琉璃宫门两座，转角露顶围房三十四间，宫门前值房十四间，后院净房一间，成砌宫门大殿后殿两边院墙，铺墁甬路、散水、丹墀、海墁地面。其殿宇房座俱照宫殿式样油饰、彩画、糊裱。斋宫门外建造值房六间。除松木、架木、蔗杆、库贮铜、锡、银、朱、苎布、绫绢、纸张等项向部、司取用，以及本工拆下之旧木石砖瓦拣选添用外，约估需用办买物料、给发匠夫并琉璃瓦料银五万四千九百七十余两，请向广储司支领应用，以便今冬备料，明春兴修。俟工竣之日，将用过钱粮细数据实（清）销。倘有盈余，照例交回，如不敷用，再行奏请。谨将约估分析银两细数另缮清单，一并恭呈御览。为此谨奏。乾隆八年十一月初九日海望、三和将毓庆宫工程奏折一件、随折一件、做法册一本，交太监张玉转奏。

奉旨：原旧琉璃门自应拆挪盖造，不必估入。其斋宫琉璃门前值房用琉璃瓦料，毓庆宫琉璃门前值房用布筒瓦，至殿宇门座不用青白石，改为青砂石料。且原有旧料所估银两甚多，暂领银二万两，办理减定做法另行约估奏闻。钦此。

（3）乾隆六十年（1795年）十一月，乾隆皇帝命皇太子居于毓庆宫，为此，毓庆宫经历了第二次大的改造。

《内务府奏销档》：奴才和珅、福长安谨奏，为奏闻约需工料、银两事。前经奴才等遵旨，将毓庆宫殿前添盖大殿一座，计五间，其悙本殿并配殿露顶、祥旭门俱往前挪盖。添盖围房六间，拆去值房十一间，改盖值房六间。后照殿前添盖东、西游廊六间，照殿东山添盖抱厦一间等项活计，烫样呈览。

奉旨：照样准做……

（4）嘉庆六年（1801 年）毓庆宫后檐至继德堂前檐添建穿堂一座。

《内务府奏案》：修过做法清单：（嘉庆六年四月十二日）……毓庆宫后檐至继德堂前檐添建穿堂一座，计三间……

（5）同治十三年（1874 年）工字殿穿堂改造为游廊，后院改盖东、西转角廊子，各殿内添做楠、柏木栏杆罩、碧纱窗等装修四十四槽，同时还添安栏杆、座凳、山石踏跺以及琉璃花池、树池、药栏等园林景观，并于后院大墙上画线法画。

《内务府奏案》：总管内务府谨奏，为工程需款甚巨，无项支发，据实沥陈，并请由部筹拨银两……毓庆宫已于二月初十日开工……同治十三年二月二十三日……

……毓庆宫正殿，东、西配殿并各殿宇房间满加陇、捉节，錾坎油饰。院内地面砖满挑换，归安石料以及添砌琉璃花池、树池，改安门窗、隔扇，添安屏门、曲尺影壁、药栏、狮子、金海石座。工字殿三间，改盖平台，添安栏杆、座凳、山石踏跺，后院改盖东、西转角廊子，后院大墙满抹饰淋浆白灰，上画线法。正殿、后殿、东套殿、后照殿、东、西顺山殿及东、西围房添做楠、柏木栏杆罩、碧纱厨四十四槽，满安镀银什件，添做挂檐床、楠木屉子，俱随糊饰。

（6）光绪二年（1876 年）光绪帝在毓庆宫读书。同时期，毓庆宫的修缮活动频繁地出现在修理渗漏、油饰爆裂、木植糟朽以及内、外檐装修上。

《清史稿·德宗本纪》：（光绪元年）十二月……甲戌，懿旨："皇帝典学，内阁学士翁同龢、侍郎夏同善授读毓庆宫，御前大臣教习国语满、蒙语言文字及骑射。"

《内务府奏销档》：总管内务府谨奏，为挑挖修建紫禁城内沟渠各工一律完竣……查前因紫禁城内沟渠河道淤塞……遵勘紫禁城内河渠等工……光绪十三年七月二十六日具奏……毓庆宫两山沟漏起往南砖暗沟二段，各长十八丈八尺，东北转角围房后院砖暗沟一段，长二十六丈，随沟漏四个。前星门由东掐院砖暗沟一段，长七丈一尺五寸，俱沟口宽一尺二寸，深二尺五寸。

《内务府奏销档》：总管内务府谨奏……内廷各处工程处所繁多因夏间大雨兼旬、昼夜漫灌以至渗漏倾欹情形甚剧……谨将……乾清宫……毓庆宫……各项工程列为第一单……光绪十六年八月二十八日具奏……乾清宫等九处工程拟由臣衙门急修列为第一单呈览……

《内务府奏销档》：总管内务府谨奏……毓庆宫等处均有渗漏情形……拟将殿宇之内棚顶即日妥为糊饰……谨将先行糊饰宫殿处所敬缮清单恭呈……光绪十九年六月十八日具奏……谨将拟定先行糊饰处所缮单呈览：……惇本殿正殿，西配殿；毓庆宫工字殿套殿……

《内务府奏销档》：总管内务府谨奏……体元殿等处殿宇有渗漏情形……光绪二十三年七月十八日具奏……谨将查勘体元殿等处各工情形敬缮清单……

《内务府奏销档》：

臣等恭查：……毓庆宫、钟粹宫殿宇各项工程……光绪二十三年九月二十一日具奏……谨将拟修体元殿等处工程做法敬缮清单工程御览……

（7）宣统三年（1911 年）后宣统皇帝开始在毓庆宫读书。此后，毓庆宫建筑群格局及形式未再发生大的变化。

《我的前半生》：宣统三年旧历七月十八日辰刻，我开始读书了……读书的书房……后来移到紫禁城斋宫右侧的毓庆宫……[1]

（8）故宫博物院成立后，人们多次对毓庆宫进行了保养、维护，并于 1953 年进行了大规模的修缮。半个多世纪以来，毓庆宫未再进行大修。

三、本次毓庆宫修缮工程做法说明书(摘录)

(一)瓦顶揭瓦

残破现状:①惇本殿后坡瓦顶生树大脊歪闪、翼角不平;②毓庆宫屋顶及南北天沟生树;③东群房屋顶天沟生草大脊中部不平,北转角后檐头弯垂;④西群房中部大脊不平,檐头两间下沉。

修缮概要:天沟生树或酥碱处全部或局部翻修。瓦顶不平檐头弯垂下沉处及大木修整部分全部揭瓦。大脊不平拆去重调。

(二)瓦顶勾抹

残破现状:其他殿屋院墙瓦顶夹垄松裂,间有生草,瓦件残缺。

修缮概要:全部查补勾抹,瓦兽件残缺者添配。

(三)大木椽望

残破现状:①毓庆宫东边连檐椽头仔角梁糟朽;②后殿西头檐檩弯垂;③东群房仔角梁头糟朽、檐檩弯垂、博缝板歪闪,北转角后檐连檐飞椽残失;④惇本殿东西配殿博缝板头残破。

修缮概要:凡檐檩博缝椽望糟朽残破处按原样换新。

(四)门窗

残破现状:毓庆宫支窗残坏,东耳房门板残缺。

修缮概要:门窗残坏处修整补齐。惇本殿东西配殿群房、后殿格扇板窗添配玻璃。

(五)墙面

残破现状:南院外墙及后殿大墙局部灰皮脱落,墙基残破。

修缮概要：灰皮脱落处补抹刷浆墙基摘砌。

（六）裱糊

残破现状：各殿屋内顶棚墙面糊纸残破。

修缮概要：全部裱糊一新。

（七）地面及地下水

残破现状：地面一部分不平。

修缮概要：局部翻墁平整全部下水道一并掏挖畅通。

（八）台明及石活

残破现状：阶条踏垛及台明歪闪、垂带倾斜，间生有树。

修缮概要：歪闪处归安台明，砖面残坏处拆砌，树根清除。

（九）其他

残破现状：①原有水格落残坏；②各殿地坑木盖残缺；③西群房西边墀头戗檐砖两块残缺。

修缮概要：原有水格落拆除地坑木盖及戗檐砖配齐。

四、土建材料试验目的

本次修缮对毓庆宫院落及各建筑室内地面、院内墙体、建筑屋面三个部分进行了细致的设计和严谨的施工。具体内容如下：

（一）院内地面

院内地面由甬路和海墁地面组成，全部揭除后重新细墁。

（二）室内地面

方砖残缺、破碎的，整体不平整、松动脱灰及不符合原做法的，全部揭除后按原制重墁。

（三）院内墙面

砖体风化酥碱的深度在 10 毫米以内者，原状保留；风化酥碱的深度在 10 ~ 50 毫米之间者，进行剔补；风化酥碱的深度 50 毫米以上者，进行挖补。

（四）建筑屋面

由于年久失修，各建筑屋面瓦捉节夹垄灰严重松动、脱落，脊饰脱灰松动等因素，已造成多数建筑尤其是檐部出现雨水渗漏、檐头木构件、椽望、角梁等糟朽等险患，须进行全部或局部揭瓦屋面。

我们通过对在修缮过程中替换下来的旧瓦件和墙地砖材料进行化学成分分析和显微维氏硬度测量等方式得出具体数据，并结合相关专家的已有研究成果，旨在揭示故宫毓庆宫建筑群部分墙地砖及琉璃瓦件的原料及加工产地，部分还原修缮历史。

五、样品简介

（一）基本取样情况

本次试验在故宫毓庆宫建筑群提取墙地砖及琉璃瓦件样品 25 件，其中墙砖样品 12 件，地砖样品 5 件；琉璃瓦样品 8 件，包括六样筒瓦 2 件，六样板瓦 1 件，七样筒瓦 2 件，七样板瓦 1 件，八样板瓦 1 件，八样筒瓦 1 件。

（二）取样位置

取样的样品为在修缮过程中从被修缮建筑物上替换下来的

残损建筑材料，取样范围包括 10 座建筑物：毓庆宫、惇本殿、阳曜门、毓庆宫东配殿、毓庆宫东围房、毓庆宫东值房、毓庆宫西配殿、毓庆宫西围房、毓庆宫西值房、毓庆宫宫墙。具体分布为：东配殿墙砖 2 块，地砖 1 块；东围房七样筒瓦 1 块，墙砖 2 块，地砖 1 块；东值房七样筒瓦 1 块，七样板瓦 1 块，墙砖 2 块，地砖 1 块；西配殿墙砖 2 块，地砖 1 块；西值房墙砖 2 块；西围房墙砖 1 块，地砖 1 块；宫墙墙砖 1 块；毓庆宫六样筒瓦 1 块，六样板瓦 1 块；惇本殿六样筒瓦 1 块；阳曜门八样筒瓦 1 块，八样板瓦 1 块（表 1～表 3）。

表 1　琉璃瓦照片

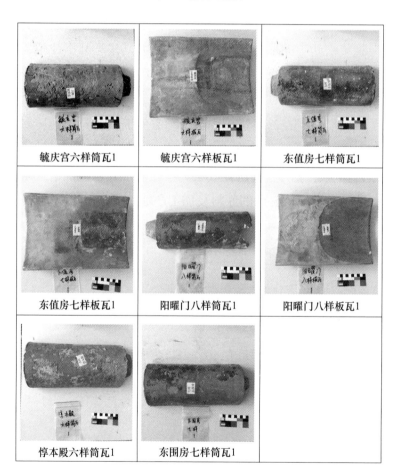

毓庆宫六样筒瓦1	毓庆宫六样板瓦1	东值房七样筒瓦1
东值房七样板瓦1	阳曜门八样筒瓦1	阳曜门八样板瓦1
惇本殿六样筒瓦1	东围房七样筒瓦1	

表2 墙砖样品照片

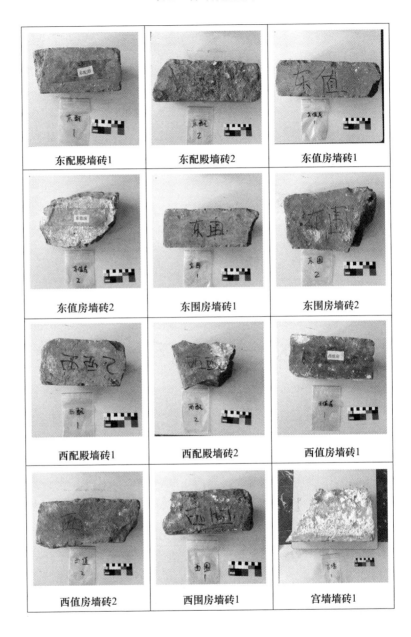

东配殿墙砖1	东配殿墙砖2	东值房墙砖1
东值房墙砖2	东围房墙砖1	东围房墙砖2
西配殿墙砖1	西配殿墙砖2	西值房墙砖1
西值房墙砖2	西围房墙砖1	宫墙墙砖1

表3　地砖样品照片

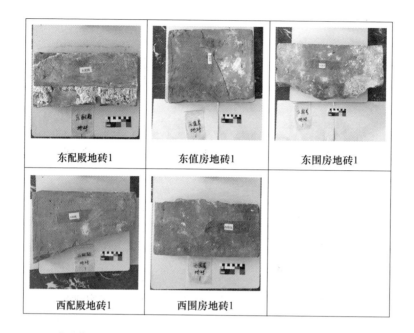

| 东配殿地砖1 | 东值房地砖1 | 东围房地砖1 |
| 西配殿地砖1 | 西围房地砖1 | |

六、试验简介

（一）X 射线荧光光谱分析

本次试验采用岛津 EDX-8000 能量色散 X 射线荧光光谱仪分析样品的化学主次量成分。岛津 EDX-8000 采用 Rh 靶、高性能 SDD 检测器、最佳化光学系统及一次滤光片的组合，具有对主次量元素高灵敏、低检出限分析的优势（图2、图3）。

试验条件：X 射线光栏直径 10 毫米，测试通道 Al-U50 千伏、100 微安、C-Cs15 千伏、100 微安，真空测试气氛，每个样品测试时间 120 秒。

试验流程如下：

第一步：使用硬质合金切割机将样品切成小的试验样块。

第二步：烘干箱室温风干 24 小时。

第三步：测试面选取切割后未经风化的全新断面，并用去离子水清洗样品测试表面。

第四步：真空条件下进行 X 射线荧光测试。

第五步：打开 X 射线光管及谱仪，Al-U、C-Sc 双元素通道采谱，每通道采谱积分时间各 60 秒。

第六步：获取试验结果报告。

试验参考标准为古陶瓷化学组成无损检测 EDXRF 分析技术规范（计划号：20141465-T-453）（中国科学院上海硅酸盐研究所编制）。

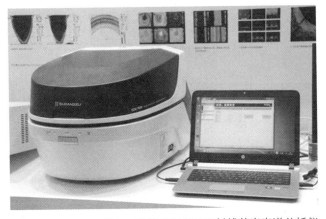

图 2　岛津 EDX-8000 X 射线荧光光谱分析仪

图 3　岛津 EDX-8000 检测元素范围及检出限

（二）显微维氏硬度

显微维氏硬度是维氏硬度的一种，试验力极小，压痕极小，对试样几乎无损伤，因此具有许多其他硬度试验方法所不具备的功能和性质。

1. 计算方法

维氏硬度计算公式为

$$HV=0.102 \times \frac{F}{S}=0.102 \times \frac{2F\sin\frac{a}{2}}{d^2}$$

式中　　F——负荷（牛顿力）；

S——压痕表面积（平方毫米）；

α——压头相对面夹角（°），取 136°；

d——平均压痕对角线长度（毫米）。

报告维氏硬度值的标准格式为 xHVy。例如 185HV5 中，185 是维氏硬度值，5 指的是测量所用的负荷值（单位为千克力，1 千克力≈9.8 牛）。[2]

2. 测量范围

维氏硬度计测量范围宽广，可以测量工业上所用到的大多数材料，从很软的材料（几个维氏硬度单位）到很硬的材料（3000 个维氏硬度单位）都可测量。

3. 样品要求

虽然维氏硬度既可以测量较软的材料，又可以测量较硬的材料，但它对试样同样有着自己的要求。只有选择合适的试样，才能避免由此带来的误差，得到准确的维氏硬度值。

维氏硬度测试样品的要求大致如下：

试样外表要求：维氏硬度试样表面应光滑平整，不能有氧化皮及杂物，不能有油污。一般情况下，维氏硬度试样表面粗糙度参数 Ra 不大于 0.40 微米，小负荷维氏硬度试样不大于 0.20 微米，显微维氏硬度试样不大于 0.10 微米。

试样制备的要求：维氏硬度试样制备过程中，应尽量减少过热或者冷作硬化等因素对表面硬度的影响。

此外，对于小截面或者外形不规则的试样，如球形、锥形，需要对试样进行镶嵌或者使用专用平台。[2]

4. 试验流程

本次分析了 9 块毓庆宫建筑群砖样品的显微维氏硬度，其中地砖 4 块，墙砖 5 块，分别来自东配殿、东值房、东围房、西值房、西配殿。分析仪器为 MH-6 型显微维氏硬度仪。

本试验流程参考国标《工程陶瓷维氏硬度试验方法》（GB/T16534—1996）。

第一步：使用硬质合金切割机将墙砖、地砖样品切成大小为 $1cm^3$ 的试验样块。试样两面需要平行，表面光洁平整，以保证测量的准确度。故使用 1 微米的研磨膏对试样进行打磨之后进行试验。

第二步：以 0.015 ～ 0.070 毫米 / 秒的加荷速度施加负荷，总加荷时间 15 秒。

第三步：每个样品选 3 个不同位置进行重复试验。

七、试验结果

（一）样品主次量化学成分

墙砖样品主次量化学成分见表 4。

表 4　墙砖样品主次量化学成分　　　　　　%

样品名称	SiO_2	Al_2O_3	CaO	Fe_2O_3	MgO	K_2O	Na_2O	TiO_2	MnO	其他
东配殿墙砖 1	62.5	13.5	8.6	5.3	3.9	2.8	2.0	0.8	0.1	0.5
东配殿墙砖 2	60.8	14.5	9.5	5.4	3.7	2.7	2.1	0.8	0.1	0.4
东值房墙砖 1	63.6	14.8	7.4	5.1	3.0	2.5	2.3	0.8	0.1	0.4
东值房墙砖 2	61.9	14.2	9.4	5.4	3.0	2.7	2.1	0.7	0.1	0.5
东围房墙砖 1	62.5	13.7	9.1	5.1	3.6	2.6	2.1	0.8	0.1	0.4
东围房墙砖 2	61.2	14.3	9.4	5.6	3.6	2.6	2.2	0.8	0.1	0.2
西配殿墙砖 1	60.5	14.6	9.7	5.7	3.2	2.9	1.5	0.8	0.1	1.0
西配殿墙砖 2	60.7	14.7	9.5	6.1	3.0	2.7	2.0	0.9	0.1	0.3

样品名称	SiO₂	Al₂O₃	CaO	Fe₂O₃	MgO	K₂O	Na₂O	TiO₂	MnO	其他
西值房墙砖1	59.0	14.8	10.1	6.1	3.3	2.9	2.0	0.8	0.1	0.9
西值房墙砖2	59.1	14.5	10.9	6.1	3.7	2.9	1.3	0.8	0.1	0.6
西围房墙砖1	62.2	15.1	7.4	5.4	3.1	2.4	2.2	0.8	0.1	1.3
宫墙墙砖1	58.6	15.2	10.9	5.7	3.5	2.6	1.8	0.8	0.1	0.8

根据表4中数据，12个样品所含主次量化学成分的比例大致相同，SiO_2为主要成分，所占含量从58.6%～63.6%不等；含量占第二位的是Al_2O_3，所占含量从13.5%～15.2%不等；含量占第三位的是CaO，所占含量从7.4%～10.9%不等；其余化学成分有Fe_2O_3、MgO、K_2O、Na_2O、TiO_2、MnO，且含量占比较一致。

地砖样品主次量化学成分见表5。

表5　地砖样品主次量化学成分　　　　　%

样品名称	SiO₂	Al₂O₃	CaO	Fe₂O₃	MgO	K₂O	Na₂O	TiO₂	MnO	其他
东配殿地砖1	58.9	15.1	10.2	6.5	3.7	2.7	1.7	0.8	0.1	0.3
东值房地砖1	60.1	13.8	10.1	5.8	4.0	2.7	2.0	0.8	0.1	0.6
东围房地砖1	60.8	14.3	9.9	6.0	2.8	2.8	2.2	0.8	0.1	0.3
西配殿地砖1	59.1	14.0	10.8	6.0	4.0	2.8	2.0	0.8	0.1	0.4
西围房地砖1	58.5	14.5	11.3	5.9	4.2	2.6	1.7	0.8	0.1	0.4

根据表5中数据，5个样品所含主次量化学成分的比例大致相同，SiO_2为主要成分，所占含量从58.5%～60.8%不等；含量占第二位的是Al_2O_3，所占含量从13.8%～15.1%不等；含量占第三位的是CaO，所占含量从9.9%～11.3%不等；其余化学成分有Fe_2O_3、MgO、K_2O、Na_2O、TiO_2、MnO，且含量占比较一致。

琉璃瓦样品胎体主次量化学成分见表6。

表6　琉璃瓦样品胎体主次量化学成分　　　　%

样品名称	SiO₂	Al₂O₃	K₂O	Fe₂O₃	Na₂O	TiO₂	CaO	MgO	其他
毓庆宫六样板瓦1	55.0	33.2	4.1	2.8	1.1	1.5	1.1	0.6	0.6

续表

样品名称	SiO$_2$	Al$_2$O$_3$	K$_2$O	Fe$_2$O$_3$	Na$_2$O	TiO$_2$	CaO	MgO	其他
毓庆宫六样筒瓦1	63.6	27.5	3.6	1.5	1.4	1.2	0.6	0.3	0.3
东值房七样筒瓦1	62.1	29.7	3.6	0.9	1.3	1.2	0.4	0.4	0.4
东值房七样板瓦1	57.5	32.9	3.4	2.3	0.8	1.3	0.8	0.7	0.3
阳曜门八样板瓦1	62.6	28.4	3.7	1.3	1.5	1.4	0.4	0.3	0.4
阳曜门八样筒瓦1	61.8	28.6	3.5	2.0	1.5	1.4	0.4	0.3	0.5
惇本殿六样筒瓦1	63.8	27.3	3.6	1.1	1.4	1.1	0.9	0.5	0.3
东围房七样筒瓦1	64.2	25.9	3.6	2.6	1.2	1.2	0.4	0.4	0.5

根据表6中数据，8个样品所含主次量化学成分的比例大致相同，SiO$_2$为主要成分，所占含量从55.0%～64.2%不等；含量占第二位的是Al$_2$O$_3$，所占含量从25.9%～33.2%不等；含量占第三位的是K$_2$O，所占含量从3.4%～4.1%不等；其余化学成分有Fe$_2$O$_3$、Na$_2$O、TiO$_2$、CaO、MgO，且含量占比较一致。

琉璃瓦样品釉层主次量化学成分见表7。

表7　琉璃瓦样品釉层主次量化学成分　　　　　　%

样品名称	PbO	SiO$_2$	Al$_2$O$_3$	Fe$_2$O$_3$	CaO	MgO	Na$_2$O	K$_2$O	TiO$_2$	CuO	其他
毓庆宫六样板瓦1	59.1	28.0	3.3	2.7	2.8	3.1	—	—	—	0.1	0.9
毓庆宫六样筒瓦1	53.1	34.9	4.3	4.1	0.8	0.4	0.7	0.4	0.3	0.2	0.8
东值房七样筒瓦1	47.2	36.8	6.4	3.7	2.7	1.2	0.9	0.5	0.3	0.1	0.2
东值房七样板瓦1	52.3	32.2	6.2	3.2	3.3	1.6	—	0.6	0.3	0.1	0.2
阳曜门八样板瓦1	42.8	43.6	6.2	4.3	0.6	0.9	0.4	0.8	0.3	0.1	—
阳曜门八样筒瓦1	53.9	37.3	2.5	4.8	0.6	0.3	—	0.2	—	0.1	0.3
惇本殿六样筒瓦1	54.9	32.6	3.3	4.2	1.5	0.6	1.0	0.5	0.3	0.2	0.9
东围房七样筒瓦1	54.5	38.1	1.8	3.2	1.4	0.6	—	0.3	—	0.1	—

根据表 7 中数据，8 个样品所含主次量化学成分的比例有些许差异，PbO 为主要成分，所占含量从 42.8%～59.1% 不等；含量占第二位的是 SiO_2，所占含量从 28.0%～43.6% 不等；含量占第三位的是 Al_2O_3，所占含量从 1.8%～6.4% 不等；其余化学成分有 Fe_2O_3、CaO、MgO、Na_2O、K_2O、TiO_2、CuO。

（二）墙地砖样品显微维氏硬度数据

墙砖样品显微维氏硬度见表 8。

表 8　墙砖样品显微维氏硬度

样品名称	显微维氏硬度 HV0.05			均值
东值房墙砖	8.3	33.1	15.6	19.00
东配殿墙砖	4.9	4.4	1.7	3.67
东围房墙砖	27.3	29.8	31.4	29.50
西值房墙砖	16.0	11.0	9.5	12.17
西配殿墙砖	10.4	8.4	6.3	8.37

根据表 8 中数据，每个墙砖样品选取 3 个位置的显微维氏硬度差别各有不同。其中东值房墙砖三个部位差别最大。另外，5 个样品之间的显微维氏硬度也有不小的差异，按三个部位的均值来看，其中东围房墙砖＞东值房墙砖＞西值房墙砖＞西配殿墙砖＞东配殿墙砖。

地砖样品显微维氏硬度见表 9。

表 9　地砖样品显微维氏硬度

样品名称	显微维氏硬度 HV0.05			均值
东值房地砖	4.9	4.4	1.7	3.67
东配殿地砖	6.9	4.6	3.3	4.93
西值房地砖	9.7	12.3	10.5	10.83
西配殿地砖	5.0	7.2	4.9	5.70

根据表 9 中数据，每个地砖样品选取 3 个位置的显微维氏硬度差别较大，以东值房地砖和东配殿地砖的三个部位差别尤甚。其次，4 个样品之间的显微维氏硬度有一些差异，按三个部

位的均值来看，其中西值房地砖＞西配殿地砖＞东配殿地砖＞东值房地砖。

八、结论

（一）毓庆宫建筑群用墙地砖制作产地与工艺相关结论

本次所测试试验样品取自毓庆宫东、西值房，东、西配殿，东、西值房及宫墙等建筑。由于目前对于故宫建筑用砖的相关研究较少，根据本试验所得主次量化学成分数据尚不能得出与产地及工艺相关的具体结论。但由于 12 个墙砖样品与 5 个地砖样品的化学成分均比较接近，可大致推知它们均应来自同一产地，属应用相同原料与相似加工工艺制成，或同为某一次建造或改建工程所使用建筑材料 [3]。

（二）由毓庆宫琉璃瓦胎体化学成分推断琉璃瓦的制作产源

根据试验分析的 8 个毓庆宫揭取琉璃瓦胎体化学成分数据可知，各试验样品主、次量化学成分之间并无系统差异，故 8 件样品应由相同原料烧制，产自同一产地。

不同于故宫的其他始建于明代的宫殿建筑，毓庆宫的建成时间较晚，始建于清康熙十八年（1679 年），并在建成至今的三百余年中经历过若干次的各类修缮工程 [4]。相较于始建于明代的故宫建筑，毓庆宫所用琉璃瓦的产源应相对单一，应不存在使用南方琉璃瓦（产于安徽当涂）的可能性。与以往公布的故宫琉璃瓦数据进行对比可知，毓庆宫琉璃瓦的胎体成分与清代故宫琉璃瓦的成分基本一致，具有低钙低镁、高铝高钾的特性，由此可基本断定毓庆宫琉璃瓦的产地应与一般清代琉璃瓦一致，产于京西门头沟琉璃渠 [5]。

（三）毓庆宫琉璃瓦釉层成分相关结论

本试验分析的 8 个琉璃瓦釉层样品均来自黄釉部分，而且

8个化学成分数据均来自提供琉璃瓦胎体化学成分的相同样品。由数据可知8件样品的釉层化学成分离散程度远超8件样品胎体的化学成分离散程度，故8件样品恐并非来自同一批次，这可能与毓庆宫建成以后在若干次修缮工程中的琉璃瓦翻新替换有关。

（四）毓庆宫建筑群墙地砖维氏硬度相关结论

毓庆宫墙砖、地砖各个样品维氏硬度测量值之间差异较大，主要原因是这些墙砖、地砖都经过长时间使用，由于保存情况不同，受力条件不同，各个样品之间的老化程度不同，故各个样品甚至同一样品不同测试位置之间的维氏硬度测量值呈现出较大差异。尽管对经长期使用后墙砖、地砖样品的维氏硬度测试难以全面反映原始建筑材料的强度，不过从个别老化程度较低样品的维氏硬度数据来看，原始毓庆宫墙砖、地砖所具有的强度应至少与现代砖石材料相当（现代砖石材料的显微维氏硬度一般在30~50HV之间）。

参考文献

[1]　爱新觉罗·溥仪.我的前半生[M].北京：群众出版社，1964.

[2]　沈康华.浅析维氏硬度试验力的误差分析及检定校准[J].轻工标准与质量，2017（4）：59，66.

[3]　苗建民，陆寿麟，汪安，等.古陶瓷产地判别的科学研究[J].故宫博物院院刊，1992（3）：88-96.

[4]　常欣.毓庆宫沿革略考[J].中国紫禁城学会论文集（第七辑），2010：104-116.

[5]　康葆强,李合,苗建民.故宫清代年款琉璃瓦釉的成分及相关问题研究[J].南方文物，2013（2）：67-71.

浅谈大高玄殿乾元阁宝顶保养性修缮

王朗坤 *

摘　要：大高玄殿作为北京现存唯一的皇家道观建筑群，其最北端矗立着的象征天圆地方的乾元阁是一座非常有特点的建筑。现在距 2012 年故宫博物院完成对腾退归还的乾元阁的抢险保护工程已经有十余年之久，我们将对乾元阁的宝顶以及瓦面进行保养性修缮。本次针对宝顶的保养修复既采用了传统的修缮技法，又有新型材料的应用，为古建筑保养修复方法的发展提供新的参考内容。

关键词：乾元阁；宝顶；保养性修缮；新型材料应用

一、大高玄殿基本情况及历史沿革

　　故宫大高玄殿建于明嘉靖二十一年（1542 年），是北京现存唯一的皇家道教建筑群，此处原供奉"三清"，与紫禁城内的钦安殿及玄穹宝殿并称为清代皇家三大道场[1]。大高玄殿区目前共有五进院落，若以主体建筑进行院落划分，则沿中轴由南往北第一进院落为第一道至第二道三座琉璃门，第二进院落为

* 故宫博物院助理工程师。

第二道三座琉璃门至大高玄门，第三进院落为大高玄门至大高玄殿，第四进院落为大高玄殿至九天应元雷坛，最后一进院落为雷坛殿至乾元阁（含坤贞宇，以下简称"乾元阁"）。院落整体南北长约 244 米，东西宽约 57 米，总占地面积约 1.3 万平方米，现存文物建筑的建筑面积约 3200 平方米。

由明嘉靖二十一年（1542 年）建成开始，大高玄殿至今经历过多次修缮与改建，不仅有明清时期的保养、改建，也有自近代以来因国家动荡和时局变迁而产生的各种拆改与修复。其中与乾元阁较为相关的改建有清乾隆八年（1743 年）的一次改建。根据《奏销档》记载"……并将无上阁（文献 [2] 通过奏销档 292-130-1 中记载乾隆十七年的修缮中仍沿用无上阁之名，而奏销档 229-1351 记载乾隆十九年修缮竣工时已改称乾元阁，确认其在该次修缮中才改名为乾元阁，故乾隆八年所记载无上阁即为现在的乾元阁）东西配房四连雷坛殿前大殿两山值房四连具行拆去除……"，乾隆八年（1743 年）时将乾元阁东西共计四座配殿进行了拆除 [3]。此外还有乾隆十七年（1752 年）时拆除了乾元阁左右两座耳殿（文献 [1] 中经对比乾隆《京城全图》和康熙《衙署图》得出该结论）。两次改建使乾元阁周边环境产生了较大的变化，目前该建筑独立于大高玄殿院落最北侧。先于 1900 年遭八国联军入侵，大高玄殿建筑和陈设文物遭到严重的破坏和掠夺。1925 年，大高玄殿被移交给刚成立的故宫博物院进行管理与维护。1945 年该区域又为日寇占用，储藏军需品。抗日战争胜利以后，大高玄殿区被国民党当局接管，为联动总部第五兵站总监部二十七军械库所占用。中华人民共和国成立后，故宫博物院曾短暂地收回了大高玄殿的管理权。该区域又于 1950 年被总参保障部服务局借用。1957 年，大高玄殿被列为北京市第一批文物保护单位。1996 年，大高玄殿被列为第四批全国重点文物保护单位。后经多方不懈努力，2010 年乾元阁首先腾退，故宫博物院于 2011—2012 年迅速组织完成了乾元阁抢险保护工程。2013 年，大高玄殿整体完成腾退，回归故宫博物院管理。随后，故宫博物院按照《中华人民共和国文物保护法》的相关要求对大高玄殿区域进行保护维修。本次针对乾元阁的保养属于2019年开工的大高玄殿三期修缮工程中的一部分。

二、乾元阁基本情况及修复方式

1. 乾元阁、宝顶基本情况及 2011 年抢险工程修复情况

乾元阁为一座两层楼阁，上层为蓝色琉璃瓦攒尖顶，琉璃宝顶为须弥座加黄琉璃宝珠，须弥座围口、束腰为蓝琉璃，其余部分为黄绿琉璃，建筑为圆形，称为乾元阁；下层为黄色琉璃瓦屋顶，建筑为方形，称为坤贞宇，两层楼阁象征天圆地方（图1）。2011—2012年进行抢险保护工程时，乾元阁宝顶存在开裂、部分缺损、釉面脱落等问题。为防止后续继续产生因外力造成的劈裂或者剥落，以及因雨雪天气等产生的冻融侵蚀，进而产生险情，同时也对宝顶恢复其原有外观，该工程对宝顶及须弥座进行了修复。具体修复方式为将宝顶及须弥座逐层拆下进行清洗，去除酥粉层及脏污。晾干后使用雅科美黏结增强剂对裂纹区域进行加固。同时使用碧林无水泥石粉对缺失部分进行修复，使用碧林岩石增强剂对酥粉部位进行加固，并进行干燥强固。最后使用矿物颜料对宝顶进行补色，并涂刷有机硅防水[4]。

图1 乾元阁及坤贞宇

2. 乾元阁宝顶目前残损情况

本次保养工程距离该抢险工程完工已有 10 年之久，在进行前期勘察时可观察到宝珠顶部有部分缺损情况，胎体表面存在裂纹，釉面修补部分存在脱色、脱釉现象、颜色呈现浅黄色，部分修补过的位置存在酥粉问题，宝珠中部 4 孔有 1 个缺失圆形堵孔部件，须弥座捉缝灰和宝珠顶盖勾缝灰大部分酥粉失效，同时乾元阁内部于 2021 年前后发现漏雨现象。根据现场情况和抢险工程的修复过程初步分析，宝顶发生各类残损可能是由于宝顶位置较高且无任何遮挡，长期的暴晒、雨雪冲刷、风沙磨损以及鸟类的抓啄等行为造成表面涂刷的有机硅产生了一定的损伤，无法保护下层的矿物颜料、原有胎体以及修复时使用的碧林无水泥石粉和碧林岩石增强剂，进而因天气原因导致矿物颜料产生褪色、原有胎体和修补材料因日晒和冻融等原因产生酥粉，使原修补过的裂纹和缺损部分产生酥粉或重新暴露。同时，反复的冻融现象会使捉缝灰发生酥粉。此外，也是因抢险工程完成后 10 年内一直未对乾元阁进行有效的监测和及时的保养修复，导致损伤持续发生。残损程度如图 2 ~ 图 8 所示。

图 2 修复前宝顶　　　　图 3 宝珠残损情况

图4　须弥座捉缝灰酥粉　　　　图5　宝珠裂缝

图6　宝珠顶盖捉缝灰酥粉

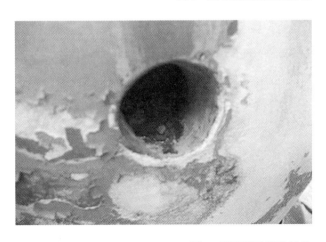

图7　圆形堵孔部件缺失

图8　宝珠顶盖缺损

3. 乾元阁宝顶修复方法

由于本次针对乾元阁部分的工程内容为保养工程，并未将宝顶进行拆解，且宝珠本身不存在严重开裂的问题，所以本次工程将不对宝顶采用复烧、更换等修复方式。与此同时，虽然宝顶胎体基本完好，但为保证其能长久保持完整性，故而不采用裸胎展示的方式进行加固修复，而采取加固后进行局部修补的方式以保护现有胎体。

（1）捉缝灰酥粉问题

首先，为确认乾元阁漏雨原因，本工程将须弥座和顶盖酥粉失效的捉缝灰进行清除并重新进行勾缝，并对缺失的圆形部件进行补配，待捉缝灰完全干透后对乾元阁瓦面整体进行了灌水试验，由上至下逐层用水管进行水量合适的浇灌，确认乾元阁内部是否漏水。经过试验，在须弥座重新勾缝后，乾元阁内部无漏水。因勾缝完成在雨期之前，故整个雨期也同步对乾元阁内部进行监测，并无漏雨现象。由于打开宝珠顶盖修补时可见宝珠内部二分之一左右填充了木炭和白灰块，属于能吸水干燥的成分（图9～图11）。所以，初步认为乾元阁之前存在的漏雨现象为须弥座捉缝灰失效导致，目前已暂时解决，后续应继续观测情况并及时保养查补。

 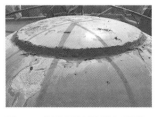

图9　须弥座捉缝灰剔补　　　图10　宝珠顶盖捉缝灰剔补

图 11　宝珠内部情况

（2）宝珠脱釉、脱色、酥粉、缺损问题

针对宝顶酥粉、缺损、褪色等问题，为寻求是否有更为牢固、持久的修补方法，本工程选择先在与宝顶胎体较为相似的脱釉琉璃瓦上进行了新修补方法的试验。一共采用了 4 种方法进行对比试验，具体方法如下：

①瓷器修补膏修复法：首先对脱釉琉璃瓦进行基层清理，然后使用瓷器修补膏成分剂和固化剂按 1：1 的比例混合后，掺入木器颜料调整底色，并掺入过筛的砖灰粉搅拌均匀，已调整质地，然后涂刷在瓦面脱釉位置，待干燥后进行打磨。瓷器修补膏主要成分为树脂和二氧化硅。因其质地较为均匀，所以掺入颜料时做了几种不同的颜色以示对比（图 12）。

②环氧树脂修复法：环氧树脂是一种液体状高分子聚合物，操作方法为对脱釉琉璃瓦进行基层清理，以 2：1 的比例混合环氧树脂与固化剂后，使用木器颜料进行调色，并掺入少量砖灰粉，混合均匀后在脱釉部位进行涂刷，晾干后进行打磨，以备后续上釉抛光（图 13）。

③原子灰修复法：原子灰俗称腻子，又称不饱和聚酯树脂腻子，其质地细腻、干燥速度快。操作方法中务必注意在基层清理后进行干燥，然后将主灰和固化剂按 100：（1.5 ~ 3）的比例混合，具体混合比例根据天气和质地进行调整，并加入木器颜料和砖灰粉调整底色和质地，混合均匀后涂刷在脱釉部位，充分干燥后打磨（图 14）。

④改性聚氨酯修复法：后续根据联系抢险工程施工单位得到的厂家信息获取的新材料，其使用方法与瓷器修补膏修复法近似，但其有配套色浆用以替换木器颜料（图15）。

图12　瓷器修补膏修复法　　图13　环氧树脂修复法

图14　原子灰修复法　　　　图15　改性聚氨酯修复法

经以上试验后可见，瓷器修补膏可使表面较为平整光滑、质地较为坚固、颜色易调整、干燥时间较短。环氧树脂结构极为坚硬，不易与原有基层长时间稳固粘接，容易在后续产生剥落，进而对原有胎体产生损害，同时因其为液态，流动性过强，而本次对宝顶的修复并不将宝顶逐层拆下，故环氧树脂不易在宝珠表面均匀涂刷，会产生下流现象，不宜使用。原子灰修复法表面比较细腻，但颜色斑驳，不便于后续补色。改性聚氨酯修复法整体呈现凝胶状，无法平整表面且极不易干燥和补色，所呈现的质地与宝珠本身相去甚远，更适合对缝隙进行填补，但是不适合对宝珠表面缺损坑洼处以及酥粉处进行修补，可作为抢险工程中修补裂缝的粘接材料。最终我们选择使用瓷器修补膏在宝珠上选择不同部位进行瓷器修补膏修补试验，位置为宝珠顶盖缺损坑洼处、宝珠上部小面积的无深度缺损但有酥粉处，以及宝珠中下部面积较大的酥粉处。

我们首先将宝顶现有酥粉层使用砂纸打磨光滑至无明显掉粉，使用108胶在表面进行套胶加固，待胶液干透，使用瓷器修补膏添加砖灰粉末使其质地和强度更接近宝顶原胎体。本次添加的砖灰粉较在脱釉琉璃瓦上试验时增加了少量稍粗的粉末，因宝珠整体质感并非极度光滑，增加稍粗的粉末可以营造其颗粒感。然后对调整好的混合物添加矿物颜料进行底色调整，为后续补色做出衬底颜色。对无深度缺损的位置进行多层涂刷保证表面平整，颜色均匀，每一层干透后进行打磨，然后涂刷下一层；对有坑洼的缺损部分先使用调好质地的混合物进行填补直至与周围部分基本齐平，留出后续涂刷厚度后晾干，之后同无深度缺损部位进行相同的操作，全部干透后打磨。我们提前使用不同比例的矿物颜料和上述混合物调制涂刷了一个色板，并将色板与宝珠本身进行了对比，由于宝珠本身的颜色并不完全一致，所以在用矿物颜料进行补色的时候，用色板与需补色位置周围的颜色进行了对比，然后选择与周围颜色相近的配比进行补色。待颜色干透后，喷涂两层金刚釉，以达光亮釉面效果并防水（图16～图18）。

图16　基底材料混合　　　　　　　　图17　套胶加固

图18　涂刷基底材料

该试验完成后一段时间，原酥粉处的修补膏整体产生了剥落，并带下部分酥粉胎体。经再次确认，该酥粉部分确实并非原有胎体，而是上一次进行抢险修复时使用碧林无水泥石粉进行填补修复的位置，故未对宝珠原有胎体造成新的损伤。因其并非原有胎体，为确认剥落原因，我们在打磨至光滑无掉粉的酥粉处进行了多种套胶试验，分别使用了108胶、重霸胶、雨虹固沙宝、美巢墙固进行涂刷后打磨，发现包括108胶在内，所有胶结剂均只能在表面成膜，而无法渗透至胎体内部，即使表面打磨至光滑不掉粉，该修补胎体内部依然存在轻微酥粉状态且无法被胶结剂加固，故该胎体强度不似琉璃瓦胎体，也不似宝顶原胎体，瓷器修补膏无法与之粘接牢固，会产生大面积剥落现象。因此，为保证后续宝顶保养修复后的安全及美观，本工程负责人最终认为仍应铲除掉原有的修补层并使用上次修复时使用的、材质相近的石灰粉进行修补，已达到保护修复乾元阁宝珠的效果。

该石灰粉由石灰石经过烧制、粉碎、消解而成，是一种无机材料，兼有石灰与水泥的优点，即低收缩、耐盐、适中的抗压与抗折强度，且除乾元阁宝顶以外还有被其他文物保护性修缮使用的经验，如广西花山岩画、平遥古城加固等[5]。但为保证修补部分的强度，尽量使之能维持更长的时间，我们在正式使用石灰粉前还对其进行了加胶试验，在德国水硬性石灰中分别掺入了108胶、重霸胶、雨虹固沙宝、美巢墙固，涂刷在琉璃瓦胎体上，待干透后对涂刷部分进行强度确认。其中雨虹固沙宝和美巢墙固均较为酥粉，可以轻易用小铁棍从琉璃瓦上铲碎脱落，108胶和重霸胶凝固效果较好，但108胶在使用小铁棍进行强度确认的时候会产生一些划痕，而重霸胶则无上述问题，故掺入重霸胶后的材质最为坚固。

最终保养修补方案确认为首先铲除原有的老旧修补层并打磨光滑，使用德国水硬性石灰加入砖灰粉末和重霸胶混合均匀，使其质地和强度更接近宝顶原有胎体，然后将该混合物填补至坑洼处并干燥，非坑洼处则使用该混合物进行涂刷并干燥，同时对原有裂缝处进行涂刷覆盖，使之形成一层保护，避免后续裂缝扩大产生碎裂脱落的危险或产生漏雨现象。待全部填补、涂刷部位干透后对其进行打磨，然后使用矿物颜料进行补色，补色参考周围颜色进行，最后使用金刚釉喷剂喷涂两遍以达釉面效果并进行防水。目前，修复完成的宝顶状态良好，无剥落、脱色现象。在此期间经历几次下雨天气，乾元阁内亦无漏雨现象，待后续完成乾元阁瓦面保养后继续观测情况（图 19 ～图 22）。

图 19　硬性石灰基底材料涂刷

图 20　矿物颜料补色

图 21　修复完成情况

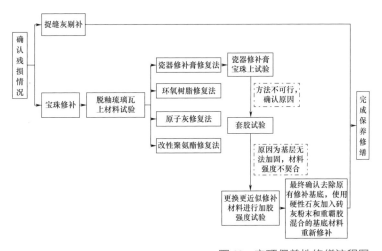

图 22　宝顶保养性修缮流程图

三、结语

　　本次对乾元阁宝顶的保养修复过程让我们认识到，古建筑预防性保护是古建筑保护及修缮过程中至关重要的内容，对于古建筑构件情况的监测和保养应定期进行，周期不宜过长，避免修复部位失效，进而可能产生更严重的缺损以至需要进行更换等较为复杂的修缮方式。以本次保养修复为例，因本次保养最终采用的修复方式与原修复方式相近，但在其上进行了一定程度的改进，故其质量保障期限为 8 ～ 12 年，因此，针对乾元阁宝顶可以在修缮完成 5 年内进行日常监测，观察其外观特征变化以及室内是否产生漏雨现象，在接近质量保障期限时应每年至少进行一次架木搭设，详细记录构件当前的残损情况，根据情况增加勘察监测频率，若其出现捉缝灰酥粉现象、脱色脱釉现象或开裂现象的征兆，应及时进行修复，避免产生进一步的残损。这样既可以保留构件原始的历史信息，又能保证古建筑整体的安全美观。

　　同时在进行保养修复的过程中，要注意研判古建筑构件残损情况的类型以及严重程度，确认修复前应做的各项准备，以保证修复之前对已受损构件进行加固或保护，以保证修复过程的顺利进行并防止修复过程中产生二次损伤。首先，在修复过程中应极为重视的就是修补材料与原材料的质地、强度等方面是否较为契合，以确保修补部位能与原构件长时间结合紧密。其次要注意修补材料本身的强度，保证修补材料能更长时间维持，保证构件的安全和外观完整，为古建筑"延年益寿"。

　　此外，关于新型材料的使用，其在目前的古建筑修缮或保养工程中并非个例，对新材料的使用也并非代表我们要完全摒弃传统的工艺做法及材料运用。本工程在对新型材料的试验、应用过程中同样采取了传统的技法，将传统技艺与现代科技进行了结合。科技的高速发展为当今社会的方方面面带来了各种新的变化与转机，同样，在古建筑修缮方面，在部分传统材料无法长时间满足古建筑构件修复质量需求的情况下，采用新型材料与传统技法相结合的方式进行修复，能最大限度地保留古建筑本体留下的历史信息，也是未来古建筑修缮方面一个新的发展方向。同时，对古建筑的保护与修缮，传承的不单是古建筑古老的构件本身，更是古建筑所承载的悠久的历史背景文化，它们的历史文化底蕴并不会随建筑本体修缮中产生的修补、更换而有所流失，我们要记录、保留古建筑本体的历史信息，也不用过分担心新材料、新构件的使用以及替换，及时的监测和保养、新旧技法与材料的结合、完整的文字和图像记录以及适当的公共传播展示等，都将为古建筑以及古建筑所承载的文化信息提供有效传承与发展的渠道。

参考文献

[1] 杨新成.大高玄殿建筑群变迁考略 [J].故宫博物院院刊，2012（2）：89-112，162.

[2] 杨新成.明清大高玄殿建筑沿革续考 [J].故宫博物院院刊，2021（7）：54-61，140.

[3] 奏请领取大高殿修缮工程所用银两折 [A].

[4] 张典.大高玄殿乾元阁修缮保护工作中的传承与创新 [C]// 中国文物保护技术协会.中国文物保护技术协会第九次学术年会论文集.北京：科学出版社，2018.

[5] 戴仕炳，王金华，胡源，等.天然水硬性石灰的历史及其在文物和历史建筑保护中的应用研究 [Z].

福建省平和县坂仔镇西坑村党校公共建筑与党群教育的多元关系研究

喻　婷[*]　徐保亮^{**}

喻　婷[*]　徐保亮[**]

摘　要：福建省平和县坂仔镇西坑村保留着传统建筑，具有革命老区和红色教育特色，也成为党校公共建筑和党群教育及党群建设的重要基地。基于公共建筑本身的开放属性，周围群众和党员参与了公共空间的使用和功能拓展，使此建筑在后续使用过程中与党群教育、党群建设呈现出多元关系。这些多元关系围绕着西坑村党校公共建筑现代形式的纪念碑性关系，集体价值与个人价值的综合关系、建筑与人居活动的未来关系展开，切实体现出专属性公共建筑与人的活动、需求功能的现实互动，以及红色建筑在党群教育、党群建设中所具有的积极作用。

关键词：公共建筑；党群教育；多元关系

　　福建省平和县坂仔镇西坑村（以下简称"西坑村"）是著名的红色老区村。习近平总书记在福建工作期间，曾两度到坂仔镇考察，直接指导推动西坑新农村建设。

---

　　[*] 厦门翰林文博建筑设计院有限公司设计总监。
　　[**] 厦门翰林文博建筑设计院有限公司设计顾问。

西坑村党校公共建筑于 2021 年年底落成。此公共建筑在建设期间已经有部分空间设施投入使用。比如，在西坑村党校进行提档升级建设过程中，修缮之后的十八起山"红军洞""红军守望亭""红军种植园"等投入红色旅游使用和种植产出。西坑村党校公共建筑的落成及后续的使用过程中不仅成为周围群众经常光顾、使用的重要场所，而且成为当地较为著名的党群教育基地，为党群建设、群众活动提供了便利的公共中心，而且与党群教育建立了多元关系，繁荣了当地的党群文化，促进了当地生产，对建设当地的美好生活产生积极的作用。

一、西坑村党校公共建筑与党群教育的纪念碑性关系

西坑村党校公共建筑采用最具有符号标志的"红旗"作为外立面的主体形象（图 1）。鲜艳的红旗角镶嵌在群山之间，不仅体现了中国共产党红旗飘飘，而且非常具有现代建筑的意味。从建筑整体的形象来说，无疑具有纪念碑专属的文化标志作用，能够以最快的速度切至中国共产党的主体文化中，引起观者的思考和怀念，形成无形的纪念碑广场作用。

特殊的建筑造型和标志符号的确具有明确的指向，但是抽象的纪念碑意味并不是图像和符号的堆砌。

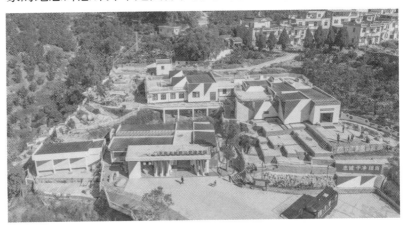

图 1　西坑村党校公共建筑

西坑村党校公共建筑则是用纯粹的最简单符号来标志主体象征，具有严谨的现代主义理性精神。这些红旗标志既非无序排布，又不是在建筑立面的生硬展示，而是屋顶采用整体红色，墙立面和柱立面采用红旗角的设计，这样墙立面和柱立面的红旗角并没有与屋顶的红色分离，从色彩和建筑立面产生空间折叠的连续效果，具有系统序列的效果，而工具系统与使用者是捆绑在一起的。[1] 由此形成的红旗建筑的标志意味远比单纯平面的红旗构图具有视觉连贯的能力和空间表现力。

因此，西坑村党校公共建筑红旗标志成为建筑具有纪念碑性的首要特征。

同时，西坑村党校公共建筑的纪念碑性关系还体现在建筑与环境、建筑与人的红色文化共生的整体融合。此建筑对于红色文化精神力理解和领悟上不能等同于书本教科书式的讲述，而是具有新形式和新造型上的现代意味。这种有意味的形式强调革命精神的时代穿越和前锋理念，用"红旗"这种形式隐喻的标志来昭示其本质属性（图2）。

图2　西坑村党校公共建筑近景图

布朗库西认为："东西外表的形象并不真实，真实的是东西内在的本质。"中华人民共和国的纪念碑雕塑无疑是从"人民英雄纪念碑"开始的，纪念碑与广场形成了一个极具感染力的空间场。西坑村党校公共建筑在层叠的山体中间建造，在群山万壑中间同样具有感染力。而且西坑村党校公共建筑更加强求整体与局部的围合关系，使观者从建筑不同的距离、不同的角度都能看到此建筑空间的变化，即刺激建筑空间成为一个能够跟随角度和距离的不同成为一个活动的"空间纪念碑"。

借山取势的台地建筑与自然环境的互动，有利于个体在公共空间的探索把控。并排错落的高墙与巷道的设定，也使线性空间形成可浏览的移步观景。只不过此景为移动的中国党史文化宣传图像、文字在墙立面和建筑空间中的展示。为了避免错视与混乱，墙壁上的红色文化标识和不断移动的个体也在运动中形成场景模块的变化，能够像纪念碑性一样清晰地展示一段连续的历史，或者一个集中的革命价值观。

另外，西坑村党校公共建筑为党群教育提供了沉浸式的纪念碑性怀念，即这种怀念是动态的、变化的，能够引起反思的红色建筑空间文化系统。西坑村红色公共建筑空间的营造尤其注重平面和空间的分割，节奏感与光影对比随着一日之间的阳光照射、季节的气候变化有迥然的场景效果，很容易让人在不同季节怀念起不同的革命故事。再加上西坑村党校公共建筑依山地灵活构筑，高低起伏，新建筑中间还保留了原来党校的老建筑，也不排斥使用当地的石、木、土等材料，因而具有相当的包容性和传承性，具有纪念碑的传承和怀念意义，并具有永恒的红色文化精神。

二、西坑村党校公共建筑与党群教育的价值关系

西坑村党校是"平和乡村振兴党建学院"的主要教学点，也是党群建设的重要基地。此基地以党群建设为基础，积极引导先进文化生产力和当地农业的转型升级，依托党校公共建筑的科技小院建设积极建筑农业示范和现场教学，并且升级展馆参观、学习培训，是能够便利周围村民集体活动、议事集会、

休闲学习的公共场所。

西坑村党校公共建筑空间既呈现为物理、信息、功能等物质空间，又呈现为精神、文化、艺术、关系等社会聚落空间，运用序列和层叠占有相对界线的平面空间和立体空间，能够通过专有属性的党群教育和党建活动形成功能关系分割，即集体价值关系通过在公共建筑中的行为和活动形成。

西坑村党校公共建筑的主体功能在于党群关系的建设，其中，集体价值关系则显得尤为重要。构筑具有当代意味的红色建筑也体现了无产阶级的大众精神。大众精神的本质特征即在于公共性。公共建筑的公共性不仅对外要求美化公共环境，对内也要求个体能够进行思考、慰藉、休闲，甚至能够进行审美。每个个体进入公共建筑中能够与其他个体产生联系，扩大到与集体意识产生关联，并成为集体意识的一部分。西坑村党校公共建筑最明确的功能是"平和乡村振兴党建学院"的重要教学点，以此为中心扩展出来党群建设、红色文化展示等关联业务，建筑的物质空间因为功能业务而产生联系和运动，在实际使用过程中能清晰地感知功能边界的建筑物理特性。

西坑村党校公共建筑的物质空间和周围山乡交通环境共同带入公共活动场景，影响着公共聚居形式。由此而形成的集体价值和社会空间促进了党群教育和党群建设的各种行为。这些行为与西坑村党校的政治需要、经营模式、文化意志等都体现着中共红色观念和群众价值的互为渗透。这样一来，西坑村党校公共建筑的集体价值和当地社会关联的党群关系建立成为可能，同时公共建筑的物质空间和自然空间的相互融合也成为当地人文的一部分。

集体价值虽然是西坑村党校公共建筑主要目的之一，但是集体由个人组成，忽视个人体验仍然不是成功的公共建筑。所以，西坑村党校公共建筑在专注于集体交流的公共性的同时也非常注重个人的活动价值，这在党群教育和党群建设中显得尤为必要。事实上，每一种公共建筑形态的空间模式都力求保持自身形式和界限的稳固，然而依照当地地形、材料、气候以及人文的需要，必然具有个性化的突出特征。个人穿行在建筑之中，能够挑战的是常规智慧和价值与自我认知的确认。个人意志切入公共空间之中，不得不与他者产生关系，公共建筑的公共关系、秩序集体也由此形成。

西坑村党校作为方折变换的折叠状建筑物，使进入空间的个体可以无障碍地穿行、参观、学习和感受，很容易形成连续性的、层次性的文化场域。特别是西坑村党校的公共空间建筑成为依照山体而上的半围合线性空间，加上红色文化的叙事元素，使这一开敞的室外场所和室内空间形成个人内省的互动。用建筑体来营造具有纪念碑式的环绕折线空间，主导、控制，以及具象的党群文化空间建设具有叙事学的起承转合关系，个人作用所呈现在建筑物中的个体价值和意义尤为突出。

所以，西坑村党校公共建筑作为空间综合体，在党群关系教育和党群建设的过程中不仅集中体现集体价值关系，而且具有人文关怀地体现个人价值，这才是公共性与个体性在成功切入公共建筑的必要契合之处。

三、西坑村党校公共建筑与党群教育的未来关系

西坑村党校公共建筑与具有一般公共建筑关注历史的指向性不同，该作品显示出明显的未来性特征。如果说，一般意义上的红色公共建筑具有记录史实的历史现实主义的历史荣耀，那么西坑村党校公共建筑则昭示了对未来党和群众美好生活的坚定信仰。

西坑村党校公共建筑对党和群众公共活动空间的纪念碑内涵与外延进行了充分的拓展。该作品将纯艺术形式与实用性融为一体，把富有动感的现代建筑形态呈现在一个综合的建筑山体之上，这是对平地建筑结构的一种超越，是对立体构成主义理论的一次成功再现。

切实来讲，要求公共建筑空间的设施的结构和功能是可扩展的，能效的可选择和可调控则更高。[2] 通过简化建筑形式，依照当地山体建设的形状，建筑师强调其结构的多功能性，西坑村党校公共建筑表面上并没有给出灵活的解释，而是给参与者和使用者释放互为了解的自由：无论经验、性别、认知和年龄如何，每个普通大众都可以参与体验，并接受新时代的党群关系教育，切实地为建设美好生活提供智慧、议事、纪念的活动空间。

不仅如此，此建筑仍然呈现出内外空间演变的趋势，呈现出面向传统、现在和未来的多维向度。空间模式在不断演变的过程中改变自身构成机制。西坑村党校公共建筑在延续了革命思想的基本主旨和红旗的传统符号的同时，赋予公共活动功能空间新的要素与变量，体现了当下建筑和人民利益的实用性原则和面向未来拓展的创新精神，为现代建筑及现代公共活动空间提供了可借鉴的创新思维与解决范式。

西坑村党校公共建筑是当地语境中的动态艺术形式，不仅具有广泛的公共性，它的基本志向不是既定功能，而是人民行动和活动功能的扩张。

西坑村党校公共建筑的活动空间，把人的活动空间作为建筑存在空间首要考虑的问题，以体现人作为交往中的人为社交关系的属性。

所以，西坑村党校公共建筑的空间不仅仅是与群众产生需求关系，而是积极参与公众生活的主动关系。人也只有在与他人的共同世界交流、交往、行动中才能体验生活革命集群的经验移植。一旦参与和互动，个体的自身价值才能体现，而不是一味地学习、膜拜和复制。即便党群关系的学习与教育，公众个体仍然是自由的、自主的、不受拘束的，同时又留有一定的私密性空间，更容易集中思想和保持群策群力的力量。

面对公众面临共同现实问题、共同利益和共同要求，从不同视角观察共同客体的同一性，并做出相对应的行动——观点、思想、言论，所拓展的空间就是根据当地农业生产、党群教育、现代产业所呈现出来的独立未来面孔。虽然公共空间中不存在指导社会发展的永恒真理，也没有任何衡量事物对错的绝对准则，进入公共空间的一切事物都是公开的，一切权利都是平等的，一切关系都是当下的，一切行动都是关联的，这为西坑村党校公共建筑的开放性使用、党群教育和党群建设建立了恒久的未来动力。

四、结语

西坑村党校公共建筑是福建"平和乡村振兴党建学院"的主要教学点，也是党群关系建设的重要基地。此建筑自投入使用以来与党群教育及党群建设产生了积极的多元关系。人们越来越多地认识到现代建筑设计在社区、企业、组织甚至治理等领域的影响，通过集体参与创造价值的多元道路。[3] 这样不仅促进了当地党建工作、党群教育，多方面、多角度地丰富了党群联系，而且还在功能上承担了作为党史学习教育的展览馆，又可以让普通大众参与使用，福建平和西村的现代建筑中不仅积极开展红色旅游，还进行农产品经营、住宿餐饮，在新党群教育和党群关系建设中取得了群众的信任和支持，普通民众获得了实际利益，真正成为党和群众建设的新中心。西坑村党校公共建筑不仅从新视角营造和宣传了红色文化，稳固红色建筑的纪念碑性永恒信仰，也体现了个人和集体的价值关系关联，呈现出红色公共建筑空间的未来倾向。

参考文献

[1] 杭间.系统性的涵义：万物皆"设计"[J].装饰，北京：清华大学学报，2021（12）：12-16.

[2] 孙秀丽，郭潇，白岩.人文价值视角下的乡村居住设施设计研究[J].设计艺术研究，2021，11（3）：24-27，41.

[3] 娄明,张凌浩,邵建伟.设计民主化背景下合作设计方法的使用与辨析[J].装饰，2021（12）：89-93.

文物保护单位之安全设施趋利舍弊谈

张克贵*

摘　要：国家文物局发布的《文物保护工程管理办法》中所指
　　　　文物建筑安全防护工程，包含文物建筑消防、安全技
　　　　术防范、雷击防护。其中，雷击防护起步较早，而消
　　　　防、安防开端于20世纪80年代，90年代有了明显起
　　　　步，进入21世纪，才有了明显的发展。本文主要是对
　　　　文物建筑安全防护设施的介绍，包括基本理念、观点、
　　　　对策和处置方式等，以求有利于文物建筑安全防护设
　　　　施工程的研究、设计和实施。

关键词：文物建筑；防灾；消灾；防护设施

　　本文涉及的文物保护单位，是指根据文物保护法规，由政
府部门公布的具有一定级别的文物保护单位。这些文物保护单
位主要是历史文物建筑。文物建筑是历史的产物，作为古代
文化的载体，承载了大量的历史信息，因而具有重要的历史价
值；文物建筑又是人们按照实用的要求，在对自然界的认识不
断加深的过程中改造自然界，运用美的旋律，进行新的创造，
使之具有审美的价值而成为建筑艺术，这种建筑艺术的美是观

---

　　*故宫博物院研究馆员、高级工程师、院学术委员会委员。

念形态同物质形态的精妙结合，使之具有极高的艺术价值；文物建筑本身是建筑，根本上应是技术工程，而中国的古典建筑，在世界建筑史上有独特的体系、形式和建造技巧，尤以保存至现在的宫殿、陵寝、园林、寺庙为代表，是建筑科学发展到一定阶段的标志，因此，它又具有极高的科学价值。把这些文物作为重点保护对象，不断地加以修葺维护，将其长久地保存下去，是中华民族子孙的历史责任。这正如《威尼斯宪章》所表述的那样："世世代代人民的历史文物建筑，饱含从过去的年月传下来的信息，是人民千百年传统的鲜活的见证。人民越来越认识到人类各种价值的统一性，从而把古代的纪念物视为共同的遗产。大家承认，为子孙后代而妥善地保护它们是我们共同的责任。我们必须一点不走样地把它们的全部信息传下去。"

在历史的长河中，历代建筑经历了众多的磨难，幸存至现在的文物建筑，已经成为民族的瑰宝，任何人都不愿在当代人手中将它们失去。要为子孙后代妥善地保护它们，除要抢救、维修、使它们"延年益寿"之外，防止各种灾害的侵害不可避免地成为文物建筑保护的一个课题。灾害的侵害，有人为的，有自然的，自然的灾害又有风、雨、地震、雷、火等。

我们应防范和减少这些灾害的发生及破坏，以使文物建筑保持长久的活力。当前，随着科学技术的发展，一些安全设施的使用，逐步普及到文物建筑之中。而这些安全设施的建立，同建筑本身的保护又往往容易产生认识上以至实际操作上的矛盾。由于本人从事故宫古建筑的保护工作，同时又从事安全设施的建设，所以试图从文物保护单位，特别是文物建筑的特点展开，根据实际工作的体会，对安全设施在文物建筑应用中的某些方面，如何沿着有利方向发展，克服其不利的弊端，以达到更好地保护文物建筑的目的，提出一些自己的见解。

一、文物建筑的主要灾害是火灾

文物建筑除石窟、砖塔、城墙等外，主要特点是以木结构为主，这在世界建筑史上可谓自成体系，独树一帜。类似这样的古建筑，现今被认为保存最早的是建于唐建中三年（782年）的山西五台南禅寺正殿，以及建于唐大中十一年（857年）的佛光寺大殿。北京的故宫是保存最大、最完整、最具代表性的古建筑群。无论在历史上还是现在，也无论是人为的还是自然的，对这些古建筑来说，灾害的最大来源是火灾。

一般的火灾事故都能评估出经济损失，而只有古建筑一旦被火烧毁后，很难说清它的损失情况。显而易见，文物建筑所具有的三大价值即历史价值、艺术价值、科学价值中，历史价值是重中之重，我们要保护文物建筑，首要任务就是尽一切努力保护它的历史价值。而它的历史价值又渗透在整个建筑之中，不管是其外形、内部结构，还是各种工艺，都是文物建筑历史价值的体现。这种历史价值的表现形式一旦被破坏或毁掉，它的历史价值将不复存在，因为它不能再生。恰恰由木结构所决定，文物建筑受火灾的威胁最大，一般情况下，古建筑每平方米用木材1立方米，高级的古建筑用木材更多。像故宫的太和殿，面宽60.1米，进深33.33米，建筑面积2377平方米，共用木材4750余立方米，每建筑平方米用木材2立方米。古代建筑，尤其是宫殿建筑，不但以木材做构架，更利用各种珍贵木料在室内进行精美的装修。这种装修，不仅注重门、窗、隔扇等，还有室内的天花、藻井、屏风、佛龛、壁藏、裙板、楼梯、栏杆、阁楼、仙楼等，有的还把珐琅、玉雕、瓷片、螺钿镶嵌等文化艺术品结合进去，精巧绝伦，以至于故宫的倦勤斋、钦安殿、萃云馆等，每建筑平方米用木材超过3立方米。火灾负荷已经很大，加之古建筑的四合院布局，飞檐交臂、庭院相毗，一处起火，控制不住，很容易连成一片。

古建筑的火灾来源，主要是雷击起火。例如，故宫从

1420—1950 年，有记载的雷击 10 余起，引起多起火灾，仅太和殿就被火毁过三次。近 40 年的统计，故宫发生雷击 14 起。1987年，景阳宫遭受雷击，引起火灾，屋顶几乎毁损，整个建筑进行了维修，所以，我们必须时刻注意火灾对文物建筑的威胁。

古代的宫殿建筑者们，往往把除病消灾寄托在精神观念上，这种寄托也体现在建筑装饰上。凡殿宇的正脊两端都装饰着龙形的大吻、张口吞脊，吻的尾部上卷，背后插上留有剑把的宝剑。这种吻在宋代《营造法式》中又被称为"鸱吻"。《唐会要》中记载"汉柏梁灾后，越巫言海中有鱼，虬尾似鸱，激浪即降雨，遂作其像于屋上，以厌火祥"。建筑师们因而将这种传统中的动物形象加以美化，并用宝剑镇于脊端，以寄托去除火灾的希望。故宫的文渊阁前身遭火灾，清乾隆三十九年（1774 年）敕建文渊阁，用于藏书。该阁屋面为黑琉璃瓦加绿边，正脊用绿色，脊件组成蛟龙腾水状，寓意避邪、免除火灾。那时对防火有一定作用的是一些隔火措施，像殿庑内建隔火墙，大的院落间也设隔火墙，内宫东西长街的龙光门、凤彩门南侧，各设隔火墙一段，宽 16 米，砖砌到顶，檐下的斗拱、枋、檩、望板等用青石雕成，不用木料，如有火起，可以隔断火势，防止蔓延。

在灭火上，院内打井，同时在一些院落放置铜缸、铁缸，平时注满水，冬季加上棉套，上加缸盖，下边石座内放置炭火，防止冰冻。这些是当时能做到的，一旦火势已起，可谓杯水车薪。故宫的灭火水源主要靠内金水河，金水河在宫廷建筑上另有含义，但做水源，是不可少的，但河在内宫之外，取水多有不便。

现在，增强防灾、消灾的安全设施，是在文物建筑保护上不可能回避的现实。

二、防止火灾的设施建设是对文物建筑的积极保护

文物建筑的防火，要加强管理，建立各种规章，尤其是制

定和落实人为用火、用电制度以减少或杜绝人为火灾事故的发生。但这些还不够，原因如下：一是火灾有一定隐蔽性，例如阴燃，有时不是马上引起火灾；二是文物建筑区，不管是参观游览地区，还是库房区，以至其他用途的建筑，都不会始终在人的视线控制之内。另外，雷击起火，不一定在有人的时候发生，很多时候的雷击发生在夜晚，像故宫近几年发生的雷击，都在夜晚。故宫内东路景阳宫建筑的火灾，也是晚上八点左右被发现的。因此，要做到防火消灾，就必须先有火灾报警，也就是将现代的报警技术系统用于古建筑的防止火灾保护上。

建设这样的报警灭火设施，在文物建筑中有更多的困难存在。这就是文物建筑本身的保护同安装设施以实现外部保护而出现的矛盾。但我认为，它们之间是一个矛盾的统一体。有一种观点认为，在古建筑上安装这类设施，会对文物建筑产生损坏，从而否定这类设施进入古建筑；另一种观点认为，这类设施必须全而又全，不能顾及古建筑的自身保护需要。这些都似有偏颇，不足为取。我认为，报警设施是防止火灾事故破坏的起码手段，是一种积极的防护。只是在安装时，要利用古建筑的特点，使之尽量与古建筑相协调，应尽量减少对古建筑的损伤。

在这里，不谈报警系统本身的技术性能要求，因为系统的先进性，可选择余地较大，不应成为问题。而主要要解决的是线路的走向和器材的安装位置，既要符合有关规范，又与古建筑的特点相适应。我们在实际工作过程中，基本做法是明处走管线找空档，躲开建筑构件体，避免对构件的损伤，一般为进檐档入顶棚；同时注意不影响观瞻、外貌，线路一般不敷设在前檐、廊下，更不敷设在构件的油饰彩画上；主管线深埋，尽量在建筑基础层以下，支管线浅埋暗走，敷设于基础层与地面砖之间的底灰泥层中；强电管一定离开前檐、檩、枋、椽部位。这样能够较好地解决保护古建筑同设施安装之间的矛盾。

在这样的基础上建设一个完整的报警系统，这个系统除正常报警外，还要有紧急报警、广播、有线专用电话、无线对讲通信，主要建筑有电视监控复核设备等，一旦某处起火，就可以及时发现，进而得到有效的处理。没有这样的系统，就可能贻误事故的发现和处置。景阳宫火灾就是一个反面案例：起火后，人们没有及时发现，而是靠嗅觉感知火情后，才到现场检查，发现时火势已经形成，扑救的时机被延误了。可见，现代技术手段的具备，就有了一个及时得到警报、及时采取措施的基本保证。

三、解决消灾水源的措施

火灾发生以后，尽快消灭火势，就成为紧迫的任务。扑灭及时，就会减小损失，甚至没有损失；反之，不能及时扑灭，就会酿成大祸。而文物建筑，单体房屋高大，台阶石座横亘，垂门林立，更布局紧凑，通道或狭窄，或障碍颇多，大部分地方消防车辆很难进入，而普通消防管道不能满足需要。因此，解决消防水源，是文物建筑防火设施的又一难题。解决的现实办法：一是建立专用消防管道，同时为解决高大建筑供水，采用临时高压供水，使管道及消防栓口抵近建筑群，故宫即采用这样的办法。二是在邻近高大建筑处，市政消防管道不到位或压力不够的情况下，采取建小型蓄水池、设临时高压水泵等措施，以保证将火扑灭在初期。

建临时高压消防供水管道，基本上应因地制宜。有的地方开槽施工埋设管线，不可避免地会伤及部分建筑基础；暗管闷顶施工办法较好，但造价较高；只宜在不能开槽过墙的部位，在地基下深处预制混凝土企口管，穿过房屋。在地下顶管时，一定要选择两柱之间的位置，这样房屋的重力通过柱子传导而作用在基础层上时，受力均衡，能确保建筑的安全。

四、立体灭火方式不适合文物建筑

一般灭火措施，在民用或工业建筑上，均要求室内外消火栓齐备，实行水喷洒灭火外，还要求有水喷淋、水雾、水幕、气体灭火等，根据建筑的需要，尽可能采取上述数项或全部措施，形成多种手段、立体灭火，这是可行的。但在文物建筑的规划设计中，把此作为指导思想，笔者认为不可取。如果对文物建筑做认真的分析，就可得出不宜采取这样的措施的结论。越典型的文物建筑，越难以实现。得出这样的结论，基于下面几条根据。

（1）文物建筑本身是文物，而且许多文物建筑中本身附属珍贵的文物品，或陈列、收藏保管着文物品。这些建筑文物和文物品，惧水者居多，水喷淋、水幕等在室内，不管自动控制还是手动控制，只要实施喷放，室内装修、文物品必受淋。

（2）气体灭火装置，首先要求的是室内密封。若室内达不到密封的条件，则气体灭火毫无意义。但要对古建筑做密封处理，必然要对建筑的结构、装修进行改造，这样就会使这些建筑面目全非。其次经过改造的建筑，很难再行利用。既然改造文物建筑的做法行不通，气体灭火就无法实现。

（3）无论水喷淋还是自动气体灭火，必然要在室内增设大量管线，一个古朴典雅的建筑内室，管道林立，线路纵横，穿墙挖洞，室内的风格无从谈起。

（4）在古建筑室内，下层空间发生火灾的可能性较小，尤其是内装修较为简单的室内，而火灾危险性最大的是在上端的屋架上、顶棚内，这些地方又恰恰是水喷淋等难以发挥作用的地方。古建筑的木材，含水量几乎为零，结构紧凑，梁、檩、枋之间没有空隙，所以，火灾初期一般为阴燃。因此，这些地方除水管道消防外，可多设移动灭火器。只要报警及时，水源到位，又有移动器材，控制和消除初期火情，是应该也是能够做到的。如果室内有文物品，还应该利用这一时间，组织人员抢救。如果条件许可，设计合理，操作较稳妥，也可以并且应该多设置一些灭火设施。

五、火灾传感器利弊分析

现行的火灾传感器大致分为三类：一为烟感探测器，二为温感探测器，三为光纤探测器。烟感探测器又可分为光电烟感、离子烟感、红外烟感探测器。温感探测器又分为恒定温感、差定温感探测器。这些传感器安装在报警系统中，类似哨兵，布防在前沿。根据不同建筑的室内环境，有选择地使用，会及时将现场发生的火情警报通过线路的传输，以信号方式传给控制器，以便于值守人员采取措施。文物建筑的报警系统，也无例外地根据防护对象选择其中的器材。但是，文物建筑的特点，决定着对上述器材的取舍，从对性能价格比较上，我认为光电烟感、红外烟感比较适合文物建筑的使用，因为它们性能灵敏、稳定。但它们在文物建筑中仅仅适用于一定的部位，具体而言是只适用于室内有顶棚的建筑，并且只适用于顶棚以下部位，顶棚以上部位或没有顶棚的室内不宜采用。其原因是：可能或实际已经证明，文物建筑的火灾发生在顶棚以上部位的概率比其他部位大，换句话说，文物建筑防止火灾的重点应是顶棚以上或顶棚内。由此，我们会发现下列问题的存在：

（1）上述提及的前五种传感器，需用金属线路传输，把它们敷设在房屋顶部，那么金属线路同屋面的距离基本都在 1 米以内，屋脊上即使安装了避雷设施，像避雷针、避雷带，信号传输线路同避雷带的安全距离，从理论上计算也需要 3 ~ 5 米，这就是说，雷电的反应距离不够，该线路就有被雷击导电的危险，那样会给建筑、设备带来难以预料的不良后果（当然，也有增大避雷针保护范围的办法）。

（2）凡是建筑，尤其是有顶棚的房间，经历了数十乃至数百年，顶棚内灰尘遍布，累积成厚厚一层，尘埃在顶棚内的空间流动飞扬，不用数十日，这些传感器因灰尘的侵袭、干扰，就会失灵，或漏报，或误报，就要清洗、维修这些器材。要清洗这些器材，需要专门的厂家和专用工具，使用单位到现在为止是没有办法自行解决的。已安装的报警器，不可能使其处在流动、清洗、维护保养的过程。少量的使用都带来困难，大量的使用会带来人力、物力、财力的更多损耗。

（3）温感探测器清洗略容易一些，但其灵敏度差。在顶棚内只能采用多装的办法，然而探测器的大量增多，又会使供电负荷增大和线路增多，甚至会因为线路蜿蜒曲折的敷设而形成闭合回路。

为此，我认为文物建筑在顶棚上的部位更宜选用上述传感器的第三类，即光纤火灾报警器。这种探测器，是专家针对上述问题研制而成的。1994 年，光纤火灾报警器通过了国家消防电子产品质量监督检测中心检测，消防部门已同意社会上使用，同时也开始在部分文物建筑上应用。

光纤火灾报警器的报警信号是由光纤传输的，沿着光纤安装的探测器是无源的，所以不发热、不漏电、不引雷、不打火、耐潮湿。可以把其安装在容易受雷击的部位，如雷公柱和屋脊梁等处。其价格较为低廉，基本不用维修，即使维修也较为简便，清洗更为容易。

六、新型避雷针的应用

关于文物建筑的防雷，对其重要性的分析、规律的研究、措施应用等，是一个专业的系统技术工程，当另行讨论。这里主要涉及其中一二。这里说的是一种高效避雷针，它源于对故宫防雷课题的研究，又应用于故宫，对文物建筑采取防雷设施，我认为不无参考价值。

近些年，在国内流行的避雷做法，是避雷针加避雷带重点保护方式，即屋角避雷针与避雷带相结合，基本上行之有效。在古建筑上应用时，也能较好地和古建筑的结构与形式进行协调。但是，近些年针对雷击事故的统计表明，古建筑受雷击部位有着明显的规律。像故宫所经历的十几次雷击，大多发生在殿宇的兽头、屋角、屋脊、檐角等突出部位，还有就是雷公柱的房角立柱。如 1970 年故宫午门檐角被雷击部位，经分析，雷击点恰恰是屋顶避雷针保护范围的边缘处。根据这些雷击部位的规律，改进避雷针的性能，选择安装部位，扩大保护范围，才能有效地保护古建筑。中国科学院电工研究所同故宫博物院合作，研制了高效避雷针。这种避雷针在大气电场作用下，提升对闪电先导发生截击放电电流的高度。根据雷电电击距离理论计算，这种避雷针或曰接闪器有高 15 米的截击闪电能力。这无疑使避雷针的安装点不变，而大大提高了保护范围。它为适合文物建筑，至少有如下 4 个好处：

（1）只需在房角兽头处装针，就可扩大保护范围，这同古建筑的协调容易解决。

（2）取消了屋脊的避雷带，减少了对建筑的损伤，对观瞻也不无益处。

（3）原有避雷针的接地体，要在建筑底座周围埋设周圈式导体、地极，对古建筑的地面、基础破坏，包括基础环境扰动太大。而这种避雷针，可采用独立接地体，其深入地下部分，采用钻孔式，深度直至接地电阻符合规范要求为止。

（4）文物建筑的利用，使各种通信、广播、报警甚至照明、电气设备线路遍布于室内外，由于此避雷针改善了放电、接闪的部位，自然扩大了与这些导线的距离，保证了安全距离的要求。

综上所述，随着文物事业的发展、科技事业的进步，采取适合文物建筑特点的安全措施一为必要，二为可行，只要有科学的态度，对文物建筑秉持认真负责的态度，我们就能够使安全设施更为科学、恰当地朝着有利于文物保护的方向发展。诚然，这些设施是在一定的范围内实施，有相当一部分文物保护单位，受各种条件的限制，难以涉及，诸如有些坛庙、寺刹、遗址保护等，或属于边远地区，或远离城镇，或藏于高山深谷之中。它们同样受火灾的威胁，而应得到有效的保护。一些现代防火、防腐涂料，以及复合涂料的应用，对特殊的单位可能是更为实际的措施，这些虽然同消防安全设施的作用相关，但更多的则与文物本体维修、保护相关，不宜在此赘述。

本文从文物保护单位这样的大题目谈起，然而局限于本职单位的体会认识居多，有狭窄之嫌，请同行朋友见谅并指正。

《文物系统博物馆风险等级和安全防护级别的规定》简论

张克贵*

摘　要:《文物系统博物馆风险等级和安全防护级别的规定》GA27—1992 是我国文物安全防护领域第一个全国行业标准。实施十年之后，经修订，又形成和发布了《文物系统博物馆风险等级和安全防护级别的规定》GA27—2002。根据文物系统博物馆安全防范的技术需要，并与上述标准配套，制定和发布了《文物系统博物馆安全防范工程设计规范》GB/T 16571—1996。十几年之后，经修订，又形成《博物馆和文物保护单位安全防范系统要求》GB/T 16571—2012。上述标准对推动和规范我国文物系统的技术安全防范发挥了历史性作用，也使我国文物系统安全防范提升到一个先进的技术水平。本文简要阐述了对《规定》形成、实践、完善、发展过程的体会和认识。

关键词: 文物系统；安全防范；防护体系；系统设计

---

* 故宫博物院研究馆员、高级工程师、院学术委员会委员。

《文物系统博物馆风险等级和安全防护级别的规定》GA27—1992（以下简称《规定》），是中国公共安全行业标准。提出单位是全国安全防范报警系统标准化技术委员会，归口单位是国家文物局和中华人民共和国公安部，起草单位是国家文物局、公安部三局、公安部第一研究所，于1992年3月正式发布，同年10月开始实施。为了与《规定》配套实施，于1994年又由国家文物局负责组织起草、编制，国家技术监督局发布了《文物系统博物馆安全防范工程设计规范》GB/T 16571—1996（以下简称《规范》）。《规定》发布实施十年后，经过修订，形成和发布了《文物系统博物馆风险等级和安全防护级别的规定》GA27—2002。

上述国家标准和行业标准，虽然称文物系统博物馆，但涉及我国的文物建筑所属的文物保护单位，而文物保护单位大多有原状陈列或专门展示陈列馆或展室，有的文物保护单位就是博物院或博物馆。值得注意的是，文物建筑本身也需要实施安全防范。所以两个标准自然包含文物保护单位的安全技术防范内容。经过十几年的实践，适合文物保护单位特征、事业发展需求的各项新技术不断涌现，为了更好地实施安全防范工程，2012年，国家文物局又在原国家标准《规范》的基础上做了修订，由国家质量监督检验检疫总局、国家标准化管理委员会发布了《博物馆和文物保护单位安全防范系统要求》GB/T 16571—2012（以下简称《要求》）。无论《规定》，还是《规范》《要求》，有序延续，成为文物技术安全保护体系的重要组成部分，至今仍是文物系统文物保护单位、博物馆进行安全防范工程设计、施工、检测、验收、培训、维护等的唯一依据、必须遵循的依据，足以证明它的历史性、适用性和生命力。

现行的上述两个标准是针对文物博物馆系统而单独制定的，也就是说，文物博物馆系统，在进行安全防范工程的规划、设计、实施操作中，不仅要符合国家乃至国际上的其他标准，而且必须依据上述标准进行。这是因为，这两个标准反映了文物博物馆系统安全防范的特点和要求。

在我国，文物系统的安全防范由于受到各种条件的限制，起步较晚。个别的、局部的防范设置起始于 20 世纪 80 年代初期，80 年代后期才开始逐步扩大范围。而真正有意识地、自觉地纳入社会行为，应该是 90 年代。这是因为我国的改革开放取得重大成就，思维观念随之更新改变；博物馆事业发展较快，更多的文物走出封闭，扩展了利用面，为社会服务；同时，随着开放交流的增加，文物价值更为明显，一些不法分子利欲熏心，觊觎文物，文物被盗情况严重。在这种情况下，文物的安全必然提至我们的面前。为此，采取各种防护措施预防盗害，被越来越多的博物馆、文物保护单位所重视。

当前，国际科学技术的发展，管理系统逐步进入各个领域。安全防范领域也不例外。我国的安全技术防范，在博物馆系统，有过一段空白，单一的、机械的防范技术，几乎没有过渡期，而直接进入现代技术统领的时期。在这种大环境下，及时规范这一领域的行为不可避免，也十分必要。

因此，《文物系统博物馆风险等级和安全防护级别的规定》《文物系统博物馆安全防范工程设计规范》《博物馆和文物保护单位安全防范系统要求》等标准的制定和提出，确实适应了文物博物馆发展的需要。上述标准有的被评定为具有国内和国际先进水平，可操作性强。经过几十年的实践，尤其是不断宣传贯彻、行政措施的加强，实施标准已成为文博系统进行安防工程较为自觉的行为。加之在我国，相关标准的制定、发布、实施走在了其他一些行业如商业、金融业的前面，效果和示范作用显而易见。这就使文博系统安全防范技术初步纳入标准化、规范化、法治化乃至科学化的轨道。

笔者从 1989 年开始参加 TC100 工作，代表文博系统为该委员会的委员，同时也是全国文物安全防范工程审核组成员，自起草到审定，都直接参与其中。20 世纪 90 年代，笔者又主持北京故宫博物院的安全防范工程、消防设施建设工程、雷击防护工程，所以又是《规定》《规范》《要求》等标准的实践者、体验者、受益者，所以更有深刻的体会。本文根据笔者自己的水平和经验，谈谈几个方面的情况和体会。

一、《规定》《规范》《要求》的基本内容及形成

《规定》的制定依据为《中华人民共和国文物保护法》和其他文物法规，规定了文物博物馆及其藏品的风险等级。同时根据国内及国际上安全技术的发展，规定了应根据不同的风险等级采取不同的安全防范措施及技术手段。它是文物系统博物馆建设安全防范工程的依据。

这个标准适用于文物博物馆、纪念馆、文物管理所，也适用于考古研究所（队）、文物商店及其他文物、标本的收藏单位。因为是针对文物系统而言的，所以不包括其他性质的博物馆，如自然博物馆、地质博物馆等专业性的博物馆。

以上标准的一个重要内容是将博物馆划分为三个等级，等级是根据博物馆及其藏品所处的危险程度而定的。在讨论的过程中，曾提出多划出几个等级，如四个等级或更多。但大家一致觉得等级少了，不易区分；等级多了，容易因过细而引起防范手段的分散。为了使其同我国已成习惯或规定的文物管理概念相一致，确定为三级。文物的级别也为三级，特级的一般纳入一级，等外的文物稍重要的纳入三级，非重要的暂未纳入标准考虑。

与此联系更为紧密的是，风险等级同防护级别的要求相一致。因此，在划分风险等级时，不得不考虑博物馆的现状，尤其是各地博物馆文物的拥有量不均衡；经济条件差别很大、管理水平参差不齐的现实。因而在风险等级上，原则为：一级藏品的库房、专用柜，一级藏品的展室划为一级风险；不是一级藏品的库房、展厅（室），以数量而约定，二级藏品三百件（含三百件，以下均同）以上，三级藏品五百件以上的库房、陈列品一千件以上的展厅（室），列为一级风险。

对文物保护单位的划定：凡国家级、省级博物馆为一级风险，不是国家级、省级的博物馆，也依拥有文物的数量而划分，即收藏文物五万件以上的博物馆或库房为一级风险。从重要性上将有藏品的全国文物重点保护单位、世界文化遗产单位列入一级风险。另外，还有一级文物的修复室、养护室等。

二级风险的为二级藏品库房及专用柜、陈列的二级藏品、三级藏品三百件以上的库房、一万件以上、五万件以下藏品的博物馆和库房、陈列五百件以上的展厅（室）、二和三级文物修复室、养护室。

三级风险的包括陈列的三级品、三级藏品三百件以下（不含三百件）的库房、一万件以下的博物馆和藏品库房、陈列五百件以下的展厅（室）、有藏品的县级文物保护单位。

《文物系统博物馆风险等级和安全防护级别的规定》GA27—1992 更倾向于博物馆和文物保护单位的藏品级别和数量，而对文物保护单位缺少针对性，在实践中，文物保护单位的风险等级和防护级别的确定出现疑惑、不确定性或无所适从的现象。因此，修订《规定》，很快成为文物系统安全防范系统建设的迫切需求。之后启动修订、形成并发布了《文物系统博物馆风险等级和安全防护级别的规定》GA27—2002。

2002 版《规定》，列入世界文化遗产的单位或全国重点文物保护单位列为一级风险；省（市）级文物保护单位列为二级风险；有藏品的县级文物保护单位列为三级风险。

上述标准的另一个重要内容是根据风险等级，提出不同的防护级别，即为三个风险等级，对应三个防护级别。

一级风险等级的文物博物馆和文物保护单位，列为一级防护。这级防护的主要要求是：必须建有安全防范报警中心控制室，安装有防盗、防火、通信功能的报警系统，重要区域安装周界报警装置，重要出入口应安装控制设备，重要防护目标和主要通道安装电视监控系统设备。该级风险的展厅、库房、文物修复室实施全方位防护，必须安装防盗入侵探测器。防盗探测器的技术种类要有三种以上，并有声音探测器作为入侵探测器的复核手段等。这些是预测犯罪所应考虑的首要手段。所谓预测犯罪，就是认真分析文物盗窃的基本特征，根据本单位的特点，进行设防。设防部位符合规律、满足防范要求，是体现报警系统有效性和可靠性的关键。标准特别强调一级文物场所要有三种以上不同技术原理的探测器交叉保护，这是因为盗窃犯罪职业化、智能化的倾向日益突出，设防中必须充分估计到这些特点，不但要在力量上而且应在智能的角逐中"胜贼一筹"，防范取胜才有可能。

报警系统的功能又集中体现在报警控制中心上。中心控制器应符合国家有关标准，要有对信号传输线路、探测器的检测功能，并应显示故障部位；有接收多路报警的功能；并能记录任何一路报警信号和部位；重要区域或重要部位报警时，应有复核、存储、记录、打印的功能。

二级风险的博物馆、文物保护单位和三级风险的博物馆、文物保护单位，防护级别相应降低技术要求。

《规范》《要求》是设计文物系统博物馆、文物保护单位安全防范工程的技术依据，最重要的是防护体系的建立。

《规范》《要求》规定：文物安全防范工程应优先选择纵深防护体系。由于外界环境和资金限制不能全部采用纵深防护措施时，应对一级风险的文物和部位，实行局部纵深防护。这样，明确地提出了防范工程的整体概念和指导思想。防护目标超过64个，要优选微机控制联网报警系统。这是因为，达到这样的防护目标，机电传输速度和容量将不能满足要求；在防护区域内，入侵探测器的盲区与防护目标间的距离不得小于5米，这是参照有关标准，尤其是对探测器功能试验多次，进行现场模拟结果得出的数据。对周界报警装置，需要灯光照明时，两灯之间距地面高度1米处的最低照度，应在20勒克斯以上的范围内，这是对人为盗窃情形发生时能及时发现并预警的起码要求。标准将每级风险中的防护级别分大、中、小三种类型的工程，分别做了规范条款。

上述标准是文物博物馆系统在进行安全防范工作时，应照此实施或逐步达到，但我们还应考虑标准的时限性、局限性的问题。

二、标准的时限性、局限性

任何标准的制定，都不能脱离当时社会的、经济的、技术的条件局限。上述标准也存在一些问题，即在系统功能的要求上、技术的要求上，是先进的、完整的，但相当一部分单位做不到，在相当长的一段时间内，有相当一部分博物馆很难达到标准所规定的防范水平。所以，笔者认为要解决这个矛盾，在工程规划设计时，要从整体性、先进性上考虑，但要留有充分的冗余性，以利于在有条件时，保证系统扩展时对功能和容量的需求。考虑扩充有两个方面：一是功能扩充，微机应设有多个输入、输出接口，至少应有两个待用接口；二是容量扩充，它更为重要。在较大系统的实施中，只有具备了系统扩展所需的条件，以后增加设备器材时，系统才能保证统一、完整。再者，我们的博物馆展厅（室）有长期固定的展览，同时也有临时的或移动的展览，展览的内容、形式不是一成不变的。陈列的内容改变了，形式改变了，防范的手段、形式和方法要服务于陈列。如果没有一定的容量冗余，就会堵塞调整的余地。

三、文物博物馆防范的重点部位

标准不但起到约束作用，更重要的是起到引导、指导作用。上述标准的防范重点部位无疑是近体防护，这一点我却有不同之见。从对防盗系统内部要素和功能分析上看，系统均由三个子系统组成，就是发现入侵子系统、延迟盗窃子系统和制止盗窃子系统，这样的子系统分解尤为重要。各个子系统的分目标是为总目标服务的，各个子系统的分目标相互协调、平衡时，系统整体功能才能达到最优化，才能出色完成预防和打击犯罪的目的。

因此，我认为，防护的重点部位不应放在近体，而应放在被防护目标的外部，而达到早发现入侵、延迟盗窃，这才是真正意义上的防。我们现有的博物馆，一部分是新建博物馆，一部分是利用旧有建筑，尤其是文物保护单位兼作博物馆，这在我国不是少数。而文物古建大部分是院落形式，加强周界报警，将盗情御于库、厅、室的外部，就会及早发现盗情，处置盗情。

我们现有的报警手段多侧重于室内空间，而室内空间布置再怎么严密，也很难做到无盲区、盲点。在我国发生的几起重大文物被盗案件，均是盗贼到了室内。有的是破坏了报警器，有的是值班人员疏忽职守，使被盗成为事实。近体防护，即使报警，盗窃行为的发生同值守人员接警而做出反应的时间越短，给值守人员处理盗情的时间越少，反而给盗窃者容留的时间、逃走的时间越长。因此，室内空间的设施，不是越多越好，从而忽视周界的防范。应使技术、资金使用倾斜，注重早期、远体报警设置上。同时，在古建保护上，周界报警比起室内报警更利于文物保护，更利于实际操作。周界报警的措施同样可依据被保护对象的重要程度采取不同系统的选择，像压力探测系统、埋入式地音探测系统、埋入式泄漏电缆系统及红外光束探测等，我们也期望有更好的技术手段在这一方面有所突破。

四、技术规范应考虑帮助打击罪犯

任何防范系统的目的都是预防犯罪，还要打击犯罪。如何在技术手段上最后完成打击犯罪的目的，标准的内容是有缺失的。标准的制定中，不是完全没有考虑，最后的结果，只能归结于目前技术的限制或理解的不成熟。制止盗窃，当场或破案后抓获盗贼，是文物防盗系统决定性的环节，是系统有效性的最终检验。除去人为因素（如备勤力量、快速反应能力、制定紧急预案等）外，我认为在技术上应考虑跟踪记录装置，而且这样的装置从技术上已经不是不可逾越的难题。不管什么原因，盗窃一经发生，系统应具有效果显著的技术手段记录盗贼的踪迹。这样才能当场或案后尽快破获。从现有案例看，存在现场破获的情况，但大多为值守人员人为作用，如故宫1980年珍宝盗案。凡已离开现场并破了案的，大多经过很多人艰苦的工作，花了大量人力、物力、财力。一旦离开现场，未破获的恐怕占多数，原因就是文物丢失后，难觅一点踪迹，使破案毫无线索。由此，现场报警、跟踪装置等应在执行标准中予以规划、设计。这样才可以说具有较为完整的安全技术防范体系。

　　任何标准的实施，都有一个完善的过程。实施一个时期后的修订，探讨修订内容的可能性，使之更好地为社会服务，可能是标准制定与发布的意义所在，我们所言及的标准亦如此。

后　记

　　本论文集是《中国文物建筑研究与保护》的第二辑。在第一辑出版的时候，我就表达了一个愿望，希望这本书不断地编下去，真正成为作者们展示他们的研究成果、技术交流的平台。令人欣慰的是，这个愿望不但没有落空，而是朝气蓬勃地推进，体现出年轻的文物保护工作者自觉提高理论、实践水平，更好地投入新时期具有中国特色文物保护事业的热情与行动。

　　本辑论文的编排仍主要以世界文化名录建筑、官式建筑、传统村落建筑、民式建筑、文物建筑安全防护等为序，同类又以综合性、建筑、结构、装修、材料研究为依。

　　本辑所收论文的作者有的不属于文物建筑领域里的新生代，但已经具有高级职称；这些论文作为学术、工程技术的研究成果，论点不一定十分准确，论述也不一定很充分，文中可能存在不足之处，欢迎业内外同仁指正。在此肯定这些作者的参与意识和砥砺而为的精神。

　　本书出版得益于中国建材工业出版社和《筑苑》编辑部的助力、关照；姜玲和其他编委做了集稿、校核工作；北京市文物局李粮企同志为本书作序，在此一并表示感谢。

张克贵

2023 年 7 月